做林徽因

一样的女人

拱瑞 编著

中国华侨出版社
·北京·

在馨香如诗的六月，空气中弥漫着夏日的湿润与清新，执一笺朴素的光阴，走近一个美与智慧交织的灵魂——绝代风华、旷世才情的林徽因。

中西方文化的共同滋养，使她既具有东方传统古典的节制与宁静，又有着西方浪漫洒脱的热情和飘逸，她成就一个时代女性的传奇。尽管世事纷扰她却从未迷失，她从不曾有如流岁月带来的沧桑，云淡风轻地看起落沉浮，安静素然，优雅如初。

她的身上折射出许多优秀男人的光芒，她斐然的才情与绝代风华让徐志摩魂牵一生，让梁思成宠爱了一生，让金岳霖仰慕了一生。她柔婉诗意地存放好这一段段生命难以承受之重的深情，不沉迷、不背叛、不辜负。当爱人迷途时，她决绝知返斩断情丝；当缘定终身时，她心如蒲苇韧如丝，坚定守候；当柏拉图式的爱情降临时，她心虽两难却真实坦诚。她洋溢着迷人的魅力，让仰慕者的目光无法移开。

当然，爱情并非她生活的全部。知识女性的智慧张扬着自我的独立品格，在她家著名的"太太的客厅"里有文化气息浓郁的艺术沙龙茶会，这是精神领域的饕餮盛宴，聚集着包括朱光潜、沈从文、巴金、萧乾在内的一批文坛名流巨子，他们谈文学、说艺术、读诗、辩论，而林徽因总是灵魂人物。她用英语探讨英国古典文学和中国新诗创作，那由天马行空般的灵感而迸发出的精彩评述赋予沙龙强烈的个人魅力，使她成为一颗不夜的明珠，光芒四射、熠熠生辉。

她是建筑师，参与国徽设计、改造传统景泰蓝、参与天安门人民英雄纪念碑设计，伴随她的丈夫梁思成考察不可计数的荒郊野地里的民宅古寺。梁思成曾经对学生说，自己著作中的那些点睛之笔，都是林徽因给画上去的；她是文人，一生写过几十首诗，诗中暖和爱的回响至今传唱。

作为女人，她还是一个温柔的妈妈。1932 年，儿子梁从诫响亮的啼哭给梁家上下带来了喜悦与满足，当林徽因抱着这个小生命的时候，心中涌动起浓浓的爱意，如四月的春风，抚慰着她身心，她把这人间的情爱和暖意用诗写了下来。

她说，我们要在安静中，不慌不忙地坚强。萧乾在《才女林徽因》中写道："听说徽因得了很严重的肺病，还经常得卧床休息。可她哪像个病人，穿了一身骑马装……她说起话来，别人几乎插不上嘴。徽因的健谈绝不是结了婚的妇人的那种闲言碎语，而常是有学识、有见地，犀利敏捷的批评……在她生命的最后岁月，即使要承受病痛的折磨，依旧优雅如初。"

做林徽因一样的女人，如她淡定素然，如她聪慧独立，如她率真坦诚，如她执着坚韧，如她一样为自己谱写一场夏花般绚烂的人生！

目录
CONTENTS

做林徽因一样的女人

第四章　相伴不忘初心，守望婚姻麦田
——相濡以沫的爱是婚姻的保护伞

做林徽因 一样的女人

第一章

江南有佳人，倾城醉未苏

——精致女人成就永恒美丽

用优雅拂去岁月的轻尘

在一场雪的曼舞中淡如云烟，然后又轻轻地摇曳一场月光如水的相逢。栖身于世风百态却能静守优雅，将心开成一朵素雅的莲，面对周而复始的生活的洗礼独享清欢，经年的流韵被温进一盏茶香，在静寂时独享。心中有花开，幸福就在。

尘俗中的优雅舞者

林徽因有一个女人梦寐以求的先天条件——容貌秀丽。20 世纪 30 年代，金岳霖曾题"梁上君子、林下美人"的对联赠予梁思成、林徽因夫妇。冰心提起林徽因，开口就说："她很美丽，很有才气。"比较林徽因和陆小曼时，更以为林徽因"俏"、陆小曼"不俏"。

与林徽因一起长大的堂姐堂妹，几乎都能细致入微地描绘她当年的衣着打扮、举止言谈是如何地令她们倾倒。一个美艳如花的女人得到众多男士的追捧并不罕见，可是能得到这些同性的赞美，证明林徽因确实有魅力。

林徽因曾在美国的宾夕法尼亚大学读书，一个美国女孩这样描述林徽因的气质："一位高雅的、可爱的姑娘，像一件精美的瓷器。"

萧乾先生的夫人文洁若女士在《林徽因印象》中说："林徽因是我平生见过的最令人神往的东方美人。"还说："按说经过抗日期间岁月的磨难，她的健康已受严重损害，但她那俊秀端丽的面容，姣好苗条的身材，尤其是那双深邃明亮的大眼睛，依然充满了美感。""美在于神韵——天生丽质和超人的才智与后天良好高深的教育相得益彰。"

林洙女士在追忆她与梁思成、林徽因的往事时，说："她是我在一生中见过最美最有风度的人。"

众多的赞誉证实了林徽因的天生丽质。

她的美貌的确毋庸置疑，可是，美貌会随着岁月的流逝发生很多改变，没有谁可以永不衰老。我们的历史从未缺少过美女，女子倘若只是容貌艳丽还不足称奇，岁月易逝，年华易老，当只剩下没有灵魂的丑陋的皮囊，又有谁肯去回望那些香消玉殒的容颜？

但是，经过岁月的磨难后，林徽因依然是"充满了美感"的。这里所说的美感，已经不再仅仅是来自于容貌，这美包含了太多的东西，更准确地说，它应该是一种来自灵魂的优雅。她一直努力地丰富着自己，实现着自己的梦想。她知道，只有一个内外兼修的人、一个灵魂丰盈的人，才会有一个精彩的人生。

于是，她用她过人的艺术涵养和文学天赋去展现灵魂的丰盈，她的诗歌非常优美，"我说你是那人间的四月天，笑响点亮了四面风；轻灵，在春的光艳中交舞着变"。

这随着心意流淌出的文字，这对于世间美好事物的赞颂，已经足够表现出她的才情。她用微笑做笔，感悟了流年的婉转。繁华过眼，她总是懂得去珍视岁月中最美的眷恋。她优雅盛开——如一支暗香盈盈的白莲花。

女孩需要富养出来的优雅

法国著名女作家西蒙娜·德·波伏瓦有一个著名的论断：女人，不是生而为女人的，是被变成女人的。尤其是林徽因生活的时代，女性的成长和发展大多取决于所在的家庭。

她很幸运，有一个很好的起点和平台。

她生于官宦世家，早期在培华女子中学读书。培华女中是所教会办的贵族学校，教育制度较为先进。聪慧的林徽因接受了良好的教育，尤其是为英语的学习打下了坚实的基础。在那样的时代，能有这样受教育的机会实属难得。可是父亲林长民对她还有更高的期许。1920年春天，父亲林长民赴欧洲考察西方宪制，特意带着爱女林徽因。他行前明确告知女儿："我此次远游携汝同行。第一要汝多观察诸国事物增长见识。第二要汝近我身边能领悟我的胸次怀

□ 1916年林徽因（右一）与表姊妹在培华女子中学学习时合影。培华女子中学是当时的顶级名校，由英国教会创办，是一所教风严谨的贵族学校，培养出的学生皆具上流社会的气度风采。

抱……第三要汝暂时离去家庭烦琐生活，俾得扩大眼光，养成将来改良社会的见解与能力。"（1920年致林徽因信）这次游历的经历，确实让她感受到了世界的广阔，视野和胸襟也由此开阔。她兼具着中西之美，既秉有大家闺秀的古典之美，又具备中国传统女性所缺乏的独立精神和现代气质。是父亲让她有了成为新女性的可能，这样的经历令同时代众多优秀女性所艳羡。

所以说，一个很好的起点对于一个女人的成长至关重要。

气质的培养，视野的开阔，阅世能力的丰富，见识的增强更容易成就一个有智慧、自强、自立的女性。聪明的女人之所以清楚自己要的是什么、什么是真正值得追求的东西，是因为她们的阅历足够丰富，没有比较，哪来选择。

所以林徽因对于徐志摩"你是我波心一点光"的热烈的爱才能做到最终放手，决绝地离开是如此明智。只有拒绝了错误的，才有找到对的可能。也只有这样，女人的美才不会昙花一现，她得到的不是一时的追捧，而是一世的仰慕和追随。金岳霖为了她终身未娶，不论是战前在北平还是战后迁回清华，金岳霖总是"逐林而居"。中年患肺病的林徽因需要安静，金岳霖在她的住宅前竖起一块木牌，嘱往来行人及附近的孩子们不要吵闹，以免影响病人休息。他不求回报的付出，用完全无私的、柏拉图式的爱对一位聪慧女性给予了最高的褒奖。

富养出的女孩不但有过人的聪慧，也能够看清浮世的繁华和虚荣的诱惑，去守住自己的一片纯净天空。在面对世间种种无奈，懂得不追问、不强求。因为知道自己如沧海一粟般渺小，从不高傲自负，因为知道生命短暂，才要更精彩地活。

富养并不是骄纵，因为富养的"富"指的不只是金钱，除了物质财富，还有精神财富。因为只有精神的丰盈才可以真正使一个女人蜕变得优雅从容。

林徽因的父亲给她提供的恰恰是这样丰厚的精神财富。

卢梭曾经说过："一个女人可以用化妆品使她出一出风头，但是获得别人的喜爱，还要依赖她的人品和处世方法。"

因为家境较为殷实，父亲林长民不但学识渊博思想又开通，他不但给女儿提供了优越的成长空间，让这个女孩从未因为物质的匮乏产生过耻辱感和自卑感，还给了她一个聪慧的头脑，让她能在为人处世时宽容豁达。如果不是因为父亲林长民的"富养"，林徽因的人生定要大打折扣。

其实贫穷并不可怕，可怕的是女孩在这其中产生的那种对物质的强烈欲望。如果一个女孩能够在贫穷时仍然能不卑不亢，这也是"富养"。

对于女人来讲，能够从容优雅，大多是因为自己拥有自信，而这自信来源于学识、见识和修养。这些品质的养成自然要靠从小的积累。从这个角度来讲，对于女孩的培养，家长其实要付出更多的精力。不管物质条件如何，都要让自己的女儿懂得自尊自强并拥有自信，快乐虽然简单但不能肤浅，不要因为虚荣而挥霍自己的青春。其实，培养一个出色的女孩，并不是为了嫁入豪门，而是优秀的女孩才能匹配优秀的男人。

女孩需要富养，也需要自信带来的优雅。

一个气质高雅、见多识广、优雅聪慧，并且独立自主的女人，走到哪里，都会有目光追随。

□ 在宾夕法尼亚大学读书期间，旁人眼里的林徽因是位高雅的、可爱的姑娘，就像一件精美的瓷器。

优雅的气质使女人成为一道鲜活、亮丽的风景

拥有闭月羞花、沉鱼落雁的容貌的女人只是少数，而且她们都未必因为貌美就幸福。但是，有些人相貌平平却能因为其知性、优雅而绽放光彩，并得到生活丰富的馈赠。

这就是这个瞬息万变的现代社会对女性的审美标准，优雅的气质才使女人成为一道鲜活、亮丽、永不褪色的风景。内在修养的不断提高，驾驭生活的能力不断增强，生活因为智慧的增加而不断丰富，让女人能在混乱的外部世界中，始终淡定从容地安于当下。

没有人生来就优雅。如果说美丽可以与生俱来，但优雅的气质却是后天修炼而成的。年轻的女孩总是想不起优雅，因为大多时候，她们都是用青春和无畏去战胜现实的残酷，错了可以重来，有大把的时间可以挥霍。

　　可是总有一天，女孩要长大，要成为妻子、母亲，她要扮演更多的角色。当其认识到内在成长的重要性，才开始真正认识到，优雅对于一个女人的重要。

　　一个优雅淡定的女人可以把柴米油盐等原本枯燥的生活安排得舒心而惬意，她能在不同的场合表现出得体的仪态，她能在举手投足间非常自然地表现出一种雍容大气的风度，她的微笑能让周围的每一个人都感到温暖快乐。一个优雅的女人不会因为韶华逝去而多么悲伤，因为她知道女人的美在于岁月的沉淀，在于时光的雕琢，优雅是人生不可多得的美好，她的内心不惧怕衰老。曾经青春逼人现已近不惑之年的张曼玉，在岁月和生活的磨砺中历久弥新，她的举手投足充满了女人特有的魅力，她总能神采奕奕地保持优雅地微笑，她蜕变出了成熟女人优雅洒脱的气质。

　　一个内心焦躁的人，会觉得整个世界都是焦躁的。而一个优雅的人，自然能够在岁月中找到幸福和美好。这就是优雅之于一个女人的重要。

　　做林徽因　一样的女人

做一个优雅的女人，虽然不需要倾城倾国的外貌，但是一个整洁舒服的面容还是非常重要的。做好日常的保养，加强运动锻炼保持好身材，才能展现出自己的魅力。在社交场合中，要注意谈吐，应彬彬有礼、落落大方，别夸张地大笑和肆无忌惮地交谈。多培养自己高雅的兴趣爱好，每天只知道家长里短，吃了饭就坐在沙发上看电视的女人，注定在男人眼中是索然无味的。

　　保持一颗随意平和的心，要懂得平衡自己内心的欲望。优雅是日子一点点小火煨出来的，是一段段经历磨炼出来的，优雅也是一种淡定从容的心态。不要在挫折失意时就妄自菲薄，也不要把自己紧紧包裹起来。好或坏、福或祸，都能以恬静安宁的心态去面对。优雅的人生活会有艰辛、坎坷，但她可以从容地接受，有能力让自己在不幸福中找到快乐。

　　我们每一个人都逃不过老去的命运，而昂贵的化妆品只能维持表面的虚幻美丽，与其在年岁的砥砺下仓皇老去，不如以积极的心态和健康的生活品质时刻绽放优雅。心似莲开，清风自来！

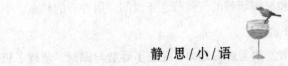

静 / 思 / 小 / 语

　　面对周而复始的生活的洗礼，不管是我们的容颜还是灵魂都难免刻上岁月的痕迹，既然我们每个人都逃不过老去的命运，不如用优雅拂去岁月的轻尘，保持一颗随意平和的心，让心中的花开，随幸福存在。

在如烟世事中，曾有多少人遗失掉最初的美好。我们常常追问，究竟要以何种姿态行走于世间，才算不辜负自己数十载光阴？卢梭说：「只有内心的安宁才会有表面的平静。」也只有骨子里深藏的率真才能成就如同幽谷中的兰花一样芳馨纯洁的气质。

率真坦诚，找到幸福

　　林徽因那一张 3 岁的照片，深深庭院里，背倚着一张老式藤椅，清澈的眼睛看着前方。面对这样的纯真美丽，不禁让人感慨，就算被浑浊的红尘浸染多时，她心灵却始终如她明净的双眸，那一处洁净的角落，永远如初时美好。

　　林徽因性格中最鲜明的特点也是那不落俗、更不媚俗的率真。她用纯真的韶华和披荆斩棘的气势行走于世间，用青春的热血、率真的豪情成就人生。

　　率真是自内散发的美丽与魅力，超越了睿智与深刻，超越了机谋与权变。它公平地在每个生命中出现，却又在虚伪的人心中消失。它是人生情感昂贵的奢侈品。就如至爱也许只能惊鸿一瞥，率真也不是生命中每个时刻都需倾诉，就如爱的呵护，也许一生无语……

　　有时，率真的表达即使收获的是无言以对，率真的人也能在沉默中享受，因为收获不是本心，付出才是真意！

　　1923 年，梁思成车祸受伤，她心如刀割，同家人一起前去看望。面对受伤的梁思成，她悉心照顾，没有丝毫的矜持。那时，天气已经比较炎热。梁思成的绷带一直缠到腰间，林徽因坐在病床边帮他擦汗、翻身，她守在梁思成的病床边，一待就是半天，她知道对于一个病人来讲，快乐是最好的良药。因此她热心地和他说话、开玩笑，希望梁思成能快一点康复。有这样一个慧质兰心、温柔可人的女孩照顾，梁思成感到踏实、欣慰。其实，他作为林徽因的守护者，一直默默地等候。在他的眼里，林徽因简直是完美的化身。林徽因的秀美、灵动，气质、见识，无一不让梁思成倾心。他对林徽因不仅是情爱，而且是欣赏，是珍爱。当爱慕得到回应，这无比的甜蜜再一次坚定了他一爱到底的决心。

　　可是，林徽因的率真并未得到梁思成母亲的赞赏，她认为一个未婚女子的表现太出格了，有失大家闺秀的风范，甚至认为梁思成娶这么个女子不会幸福。

　　也许，寻常女子知道未来婆婆的不满早已知难而退，毕竟那是一个并不开放的社会。林徽因得知后自然很是苦恼，但她并未改变初衷。她听从率真的本性，把心底最深的关切始终如一地表露给爱人，她还是每天去看望、护理梁思成，梁思成也因此精神、身体恢复得很快。

　　对此，还是有人看出林徽因这种率真品质的可贵。梁启超对林徽因的表现就非常满意，他在一封信中说："徽因我也很爱她，我常和你妈妈说，又得一个可爱的女儿，老夫眼力不错吧。徽因又是我第二回的成功。"

的确，真诚面对自己，真诚对待他人，不矫情，不虚伪，真情流露，真爱便会永存。坦率真诚的女人看不到蒙骗，听不到阴冷的话语，她会最终得到别人的认可。

　　每个人，都希望自己受到别人的重视。尤其是男人，他们更希望能够引起女性的重视，更希望从女性那里获得满足这种"希望具有重要性"的感受。作为一个女人，如果你想与别人相处融洽，如果你想成为一个受欢迎的人，那么你首先要做的就是满足他们这种"希望具有重要性"的心理，而你最好的选择就是适时展示自己的真诚。

　　有人认为林徽因应该为取得未来婆婆的欢心稍作变通。她确实不够圆滑。但是一个圆滑的人往往对人不够真诚，更不能真诚面对自己。我们常常在恭维某人圆滑时悄悄地对其开启防备，我们又常常责备某人太"固执"却又对其敞开心扉。那是因为我们宁可结交一个讲逆耳忠言的朋友，也不想交一个谎话连篇的人。

　　在李安执导的电影《卧虎藏龙》中，俞秀莲对玉娇龙说："不论你做什么决定，你一定要真诚面对自己。"真诚地对待自己的喜恶，不委屈、不求全，该伤心时别强颜欢笑，该放手时别苦苦哀求。

　　曾有多少女人抱怨，真爱是如何艰难，她们却从不反思，在真爱面前其实自己不勇敢。若是你真爱一个人，怎么能缺乏勇气呢？即便有身高的距离、年龄的差距、地位的悬殊、长辈的阻挠，只需要你坦诚地表露爱意，两个人有在一起的决心，就有幸福的可能。你都不看重自己的爱，就别想轻易得到别人的祝福。

　　林徽因曾经说，"凡是在横溢奔放的情感中时，我便觉到抓住一种生活的意义，即使这横溢奔放的情感所发生的行为上纠纷是快

做林徽因　　一样的女人

乐与苦辣对渗的性质，我也不难过不在乎"。就是因为有如此坚定真挚的情感，才值得那么多人对她呵护一生。

世人总是感叹梁思成对林徽因的万般宠爱，却忽略林徽因对梁思成的良苦用心。这世界上没有真爱可以不劳而获、唾手可得。能有一段勇敢爱的情事，那便是刻于岁月上一段最美的箴言。

敞开心扉，做爱人最美的公主

1931 年的一天，梁思成出差回来，林徽因哭丧着脸告诉他："我苦恼极了，因为我同时爱上了两个人，不知道怎么办才好。"林徽因很坦诚，对梁思成毫不隐讳。其实她对于梁思成的依赖也已胜过情爱，她没有将真实情感一味地隐藏，也没有肆意让这爱泛滥成灾。她需要她最信任的人帮助她解决这苦恼。

□ 梁思成（左）与金岳霖（右）同时深爱着一个女人——林徽因（中），他们三人坦诚的态度让彼此之间没有芥蒂。金岳霖明白，自己的守护只能是默默的，才不会让林徽因有压力，不会让梁思成反感和厌恶。而梁思成也给予了他们最大的信任。

梁思成听后很心痛，但是权衡再三还是说，"如果你选择老金，我祝你们幸福"。林徽因又把原话告诉金岳霖，金岳霖的回答更是率直坦诚得令人惊讶："看来思成是真正爱你的。我不能去伤害一个真正爱你的人。我应该退出。"从那以后，他们三人毫无芥蒂，金岳霖仍旧跟他们毗邻而居，相互间更加信任，甚至梁思成与林徽因吵架，也是找理性冷静的金岳霖仲裁。她如此坦荡，令许多女子不免汗颜。

面对这样的感情纠葛，三个人的态度让我们感动万分。很多时候，或许我们交给对方选择的权利，才是给了自己生活的希望，所以林徽因说："你给了我生命中不能承受之重，我将用一生来偿还！"

当遭遇情感困惑，林徽因用她的坦率去化解危机，所以最后只有无怨无悔的守候，没有剪不断、理还乱的纠缠。林徽因的率真、美好成了这两个男人甚至更多男人对爱情所有的想象。所以，金岳霖愿不问结果一生追随。

多少女人羡慕林徽因像公主般被人呵护。

在每一个女人心中都有这样的一个公主梦。即便她们坚强、勇敢，她们的善良、天真仍需要被呵护、被关爱。如果可以，女人希望自己像孩子一样无忧无虑。只不过，有时一路走来，生活的重负和琐碎埋葬了女人的赤子之心。我们忘记了纯真年代的白裙子和旧草帽，更重要的是我们不再关照自己内心的需要，直到一日油尽灯枯，我们才发现自己竟如此残忍。

仓央嘉措曾经叹道，一个人要隐藏多少秘密，才能巧妙地度过一生。与其让这样的情绪在心底压抑，我们不如换一种姿态，即使面对生活的琐碎与无聊、职场的艰难与挫折，也用天真和坦率去面对生活，敞开心扉，把困惑向爱人倾诉，把难题留给男人去解决。因为，在每个男人心中也都有一个公主。一个会诵诗、会跳舞，对一切充满好奇而又面容清秀的姑娘，这是所有男人的梦想。电影或电视中经常会有这样的桥段，当一个男人面临爱情的选择时，总是选择那个柔弱的人，他们的答案是，这个人更需要保护。其实每个男人的心里都有英雄主义在作祟，他最爱的是那个能够激起自己保护欲的女人。这就能解释，为什么你倾尽心力去爱的男人却轻易跟着另一个人跑了，而对方明明哪里都不如你？

还记得《东京爱情故事》中美丽的莉香吗？那样一个微笑着落泪、悲伤地跳舞的女子，她用全部的生命情感来守护着、爱着完治，她在完治面前总是灿烂地笑。她宁愿独自在深夜舔舐伤口也不愿告诉完治心里的痛苦。如果莉香也会楚楚动人地哭泣，故事会不会是另一个结局？总是在爱人前留下灿烂的笑容，那个永不在爱人面前落泪的人除了得到一个坚强的美誉，她可曾真正快乐幸福？

放下自以为是的坚强，去做自己爱人最美的公主。

让率真的花期延伸到人生的每一个春夏秋冬

1931 年 11 月 19 日，徐志摩由南京乘飞机到北平，他想赶着去听林徽因的一场演讲，当天因遇大雾飞机失事，徐志摩不幸遇难。社会上对于他的离婚和再婚的种种指责并未因他的离世而停止。

这也理所当然地牵涉到林徽因。

林徽因 16 岁那年，随父亲林长民在英国生活过一年，恰巧徐志摩也来到伦敦。诗人对她一见钟情，"如果有一天我获得了你的爱，

那么我飘零的生命就有了归宿，只有爱才能让我匆匆行进的脚步停下，让我在你的身边停留一小会儿吧，你知道忧伤正像锯子锯着我的灵魂"，诗人用这样的一首首浓烈的情诗去拨动少女的心弦。已有家室的他甚至为了方便离婚逼着妻子去打胎，在妻子生产后不久，又逼迫她在离婚协议书上签了字。

林徽因并未跟随徐志摩狂热的脚步，她知道这样的幸福其实是另一个女人最深的痛楚。

当林徽因缘定梁思成后，徐志摩知道自己追求无望，随即转而追求京城有名的交际花、北京大学教授王赓的妻子陆小曼。陆小曼为了徐志摩同王赓离了婚。不久，陆小曼便同徐志摩举行了婚礼。

徐志摩的感情生活也因此遭受了很多指责。

在徐志摩去世后，这样的指责变本加厉，甚至变成了对徐志摩的全面否定。当种种曲解和毁谤铺天盖地地砸向已逝的徐志摩，林徽因却不再沉默，她挺身而出，写下一篇《悼志摩》来肯定徐志摩的诗歌成就，客观地阐释了大诗人的独特性情。

> ……这以后许多思念你的日子，怕要全是昏暗的苦楚，不会有一点点光明……志摩的人格里最精华的是他对人的同情，和蔼，优容。志摩的最动人的特点，是他那不可信的纯净的天真……比我们对万物都更有信仰，对神，对人，对灵，对自然，对艺术！

文中，林徽因呼唤公正，呼唤良知，这何尝不是在彰显自己的本真和品质！只有这样至情至性之人，才不会漠然观望，她为友人的殒命和消逝而伤痛。有人形容"再没有看过比《悼志摩》更好的

做林徽因 一样的女人

□ 天生具有诗人情怀的林徽因对于面容、发式、衣袜
都没有草率对待过,她不但拥有美丽,还懂得绽放
美丽。

怀人文字了"。至真至诚，所以动人。

她不仅仅是个欣赏者，而且是一个心灵的认同者。历史证明了她的认同是正确的，因为徐志摩的诗歌不但没有因时间的烟云被冲淡褪色，反而拥有更加广泛的读者。

一个至诚至真的人有一颗博大包容的心，她使天真的花期延伸到人生的每一个春夏秋冬。她所成就的传奇并非只因她的美丽，还有她的率真为她赢得的尊重。

也许，我们很难遇到需要抉择的大是大非。但是，女人要有自己的处世方式和底线。这是赢得别人尊重的前提。在职场中最不受欢迎的就是那些没有原则、只会"随风倒"的女人。她们不分对错，没有立场，常常为了自己的利益，站在强势的一边。不管是在职场还是在生活中，我们都要做一个有原则的人。

不搬弄是非、不背后诋毁是一种原则，不赞成观点但却认真聆听是一种原则，懂得感恩、明辨是非也是一种原则，在热恋中看到自己、在失爱中放过自己，同样是一种原则……只有这样，才不会在纷繁的世界中迷失自己，多一份从容，也就多了一份幸福。

静 / 思 / 小 / 语

女人，要在花开花谢的岁月之中，静守着执念，静听花开，坐看雨落，坦然面对每一天。纵使浮华俗世里有再多的纠缠，疏离的岁月中有再多的繁乱，只要保留几分率真和几许天真，总能够跨越过生命残冬的贫瘠，没有这样的情怀，怎么去承载扑面而来的浓浓情意？

做林徽因 一样的女人

认真的女人最美丽

生命不只是需要清净中独坐观望，没人能永远于时光深处安静栖息。生命还是一段需要全情投入的旅程，认真地生活，不断修炼自我，才能真正体味人生的意义。

用认真成就自己的传奇

有人说，林徽因的美丽与淡然是与生俱来的，她的超凡脱俗有一种不同于世俗的韵味。的确，有些美是无须修饰的。可是，一个女子可以在众人心中赢得一世的赞誉，那就需要漫长的修炼，就像好的艺术品需要耐心雕饰，需要时间和心血精心打磨，需要一颗热爱生命的心去认真地享受生活中的每一天。这样的魅力不仅不会随年岁的改变而消失，反而会在岁月的打磨之中香醇久远，散发出与生命同在的永恒气息。

林徽因16岁随赴欧考察的父亲游历欧洲，在伦敦居住一年，她并没有沉溺于灯红酒绿、吃穿游乐，而是注意到英国有一门学问，就是建筑学，"建筑师"成了林徽因最初的梦想。女建筑师，这在当时还无先例。就是在宾夕法尼亚州立大学的建筑系都未曾招收过女生，林徽因只能改入该校美术学院，但主修的还是建筑。她的丈夫，

□ 梁思成与林徽因对古建筑的考察充满了热情，他们的足迹遍及全国190个县市，对考察路途上的艰辛和测绘工作的辛劳丝毫没有怨言。美国学者费正清对他们的工作做了这样的评价："第二次世界大战中，我们又在中国的西部重逢，他们都已成了半残的病人，却仍在不顾一切地，在极端艰苦的条件下致力于学术，在我们的心目中，他们是不畏困难、献身科学的崇高典范。"

中国著名的建筑学家梁思成也是受她的影响才学了建筑。

首开先例也许只能说她勇气可嘉，真正令人钦佩的是她对于这一领域做出的贡献。

她同丈夫梁思成留下《论中国建筑之几个特征》《晋汾古建筑预查纪略》《中国建筑史》等珍贵的建筑学史料，为中国建筑学术做出了基础性的和发展方向性的重大贡献；她为保护北京古建筑，不顾喉音失嗓，金刚怒吼；人民英雄纪念碑和新中国国徽的设计倾注了她澎湃的激情；她参与改造北京传统工艺品景泰蓝，抢救了这一濒于灭绝的中国独有的手工艺品；她和丈夫梁思成不计名利为清

做林徽因 一样的女人

华创建建筑系，为中国建筑史的发展写下了浓重的一笔……在历来被看作男性传统领域的建筑行业，林徽因绽放出女性的第一道光芒。1936年的一天，两人一同倚坐在北京天坛祈年殿的屋顶上，林徽因自豪地相信自己是中国历史上第一个敢于踏上皇帝祭天宫殿屋顶的女性。

在建筑领域，林徽因绝对是一个严谨求实的科学工作者。她曾立誓要以建筑这个"把艺术创造与人的日常需要结合在一起的工作"作为自己的终身职业。她在欧洲时就着手做建筑参观考察，回国后又从中国古建筑的基础资料开始研究。她同丈夫译注古籍、编写营造则例，还不辞辛苦地去进行实地调查，一些古代建筑遗存通常都极为偏远，林徽因从来都是亲任不辞。她对自己挚爱的事业无比认真，这也使得她在建筑领域取得了辉煌的成就。

她的丈夫梁思成曾经对学生说，自己著作中的那些点睛之笔，都是林徽因给加上去的。她的认真自然让她技艺不凡。

建筑学是冰冷的，林徽因却将它注入诗人般的热情，使它有了艺术光彩。她曾在东北大学任教，在讲到沈阳的大政殿及八旗亭时，她说："……这组古代建筑还告诉我们，美就是各部分的和谐，不仅表现为建筑形式中各相关要素的和谐，而且还表现为建筑形式和其内容的和谐。最伟大的艺术，是把最简单和最复杂的多样，变成高度的统一。"

她用史学的哲思、文学的激情，让自己的讲解更具人文气息。她对事业的热情和专注让她在建筑学者中成为一位真正意义上的先行者和思想者。

建筑之路美丽但充满艰辛，林徽因从未放弃，她认真专注地做

着自己的工作。建筑学常常需要对古老的建筑进行精确的测量、分析和比较，因此她要常常爬梁上柱亲自测量，从未因为自己的性别而对工作有所懈怠。

她和丈夫在全国各地徒步考察，足迹遍布山西、河北、山东、浙江等十几个省份，村野僻壤以及考察途中生活的艰苦和测绘工作的辛劳从来不曾打败这位认真投入工作的美丽女人。面对颠沛流离的逃难生活、数年疾病缠身，她却凭着顽强的毅力从来不曾离开建筑学术。

没有这样的成绩，林徽因也许只是三个男人背后的女人，她成就不了自己的传奇。

曾经有一首《认真的女人最美丽》这样唱道："认真的态度是一种过程，付出的不会是牺牲，认真地坚持迎向你人生，你就是最美的女人。"

认真的女人会散发出不可抗拒的魅力。当她专心致志地做着手上的事情，那种忘我的神情让人陶醉。长期专注地做一件事，有了专业的素质，再加上敬业的精神，就会有一番成就。对于林徽因来说，她享受着工作带来的满足。当女人认真走好脚下每一步，认真规划自己的未来，她的人生就开始闪闪发光。

让认真成为一种习惯

工作中的林徽因认真而专注，在为梦想努力的途中坚定执着，当实现一个又一个梦想时，她的人生也因此愈发厚重。

当认真成了一种习惯，生命的质量就在提升。

其实，这种认真而有韧性的优秀品质在当今很多成功女性的身上都有所体现。

美国著名的脱口秀女主持人奥普拉的访谈节目倾倒了数以百万计的观众，而她自己充满坎坷的奋斗史更给生活中遭遇挫折的美国妇女以极大的信心和希望。

当谈到自己的成功时，她总是将其归功于认真和勤奋。

在采访中经常有她与被采访人智慧的碰撞和交融。这源于采访前大量的资料搜集、整理、阅读，这是同被采访者有一个很好的沟通的前提。通过她的认真和努力，她获得了感染、影响他人的力量和对自己生命的掌控力。

认真其实很简单，就是仔仔细细去做自己想做的事情，踏踏实实地去走自己选择的路。但是，让认真成为一种习惯却并不容易。

因为如果认真，注定会付出更多的精力和汗水。就像林徽因，她要进行更严谨的建筑学术研究，就必须认真地对实地的建筑文物进行精确的测量，这注定要比那些只会纸上谈兵的人辛苦。可是，

当她这样认真的工作态度贯穿了整个一生之后，历史对她的成就给予了最崇高的嘉奖。

将认真细致变成一种习惯，这不仅是一种做事的态度，更是对生命负责的态度。

当认真溶入血液中，我们可能会更加接近自己追求的目标。

虽然每个人的能力不一样，但凡事只要我们认真对待，努力做了，即便结果不尽如人意，我们也能够坦然面对。当认真成为一种习惯时，我们会将生活打理得井井有条，每天从容淡定地迎接挑战，而那些临时抱佛脚的女人注定和优雅无缘，她们总是羡慕别人的优雅，仿佛那是与生俱来，其实每一次风光的背后，都有不为人知的付出和汗水。

凡成就一份事业，都需要付出坚强的心力和耐性。如果你想坐收渔利，那只能是白日做梦。如果你想凭侥幸、靠运气夺取丰硕的果实，那么运气便永远不会光顾你。我们都是平凡的人，只要踏实肯干，有水滴石穿的耐力，我们获得成功的机会不比那些禀赋优异的人少。

生活也要认真经营

林徽因事业上的追求虽然占据了她的大部分时间，但是，她对家庭生活的经营从未懈怠。

梁从诫回忆说："实际上，她仍是一位热心的主妇，一个温柔的妈妈。三十年代我家坐落在北平东城北总布胡同，是一座有方砖铺地的四合院，里面有个美丽的垂花门，一株海棠，两株马缨花。中式平房中，几件从旧货店里买来的老式家具，一两尊在野外考察中拾到的残破石雕，还有无数的书，体现了父母的艺术趣味和学术

□ 林徽因不单单是一个建筑学家，不单单是一个作家，还是一位妻子、一位妈妈，她总是努力扮演好自己的各种角色，认真地经营自己的生活。

追求。当年，我的姑姑、叔叔、舅舅和姨大多数还是青年学生，他们都爱这位长嫂、长姊，每逢假日，这四合院里就充满了年轻人的高谈阔论，笑语喧声，真是热闹非常。"（《倏忽人间四月天——回忆我的母亲林徽因》）

林徽因认真地经营自己的生活，她虽然并不喜欢琐碎的家务，但她还是将家事处理得井井有条，将儿女教育得聪明乖巧。

不是每个女人都能成为职场精英成就辉煌的事业。有时为了子女得到更好的教育、丈夫得到更好的照顾，她们放弃了自己的工作。全职太太成为一个越来越常听到的名称。有些人工作十几年被迫辞职，职场生涯给她们的成就感不再有，收入、快乐、满足感渐渐消失，突然陷入家务的琐碎让人不堪重负。如何将主妇生活经营得有声有色，成为很多全职太太最迫切想得到的答案。

其实，别因为放弃了工作就放弃自己的生活态度。既然，经过反复权衡全职太太已经是自己最好的选择，那就将其作为一项事业去经营。

每天尝试不同的菜式、烘焙美味的糕点，将家布置得像小小天堂一般，丈夫从此对家里越来越依赖。除了照顾家庭，还应认真照顾自己，去充实内心，小心地将一些情绪完整地寄托在书香里；去发展爱好，拂动内心的欢喜；去了解建立两性和谐关系的规律，让岁月的疏离可以用爱意和温情化解……不是所有的全职太太都会变成黄脸婆，也不是每个职业女性都会实现双赢。事业、家庭两头烧的蜡烛，却燃烧不出一个美好的未来的大有人在。

没有一个认真经营的态度，职业女性也许会两边无法兼顾，最终事业家庭双失意；没有一个积极的应对心态，全职太太蓬头垢面，

做林徽因 一样的女人

整日抱怨生活的枯燥迟早会沦为糟糠。当她们把家庭作为自己的事业去认真经营，她们同样收获幸福和满足。

有这样一个全职妈妈，当她不得不把人生中的一段交付家庭生活时，她并未迷茫也没痛苦。她在照顾孩子料理家务之余，认真地从事写作，每天查资料，翻日记，写文章，让她感觉到无比充实，当她的新书出版后，她的成就感取代了无所事事的空虚。

生活本身精彩与否其实完全取决于我们是否认真经营。一个不懂经营的女人别说兼顾事业和家庭，就是只负责一样，也会让自己无比焦躁。

我们常常问什么是魅力，辞典中的标准解释是："很吸引人的力量。"其实，魅力是一种复合的美，是一种通过认真获取成果的一种力量，它可以放大女人的生命力，能够给女人的生命以新的希望和活力。那些在自己的天地中表现得优秀出色的女人，总是能赢得尊重和青睐。她们认真专注时的眼神，总能穿透男人的胸膛。

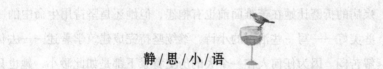

静 / 思 / 小 / 语

认真的女人会散发出不可抗拒的魅力，一个女人不管是事业还是家庭的成功，都需要漫长的修炼，用认真的态度去提升自己的生活质量，去放大女人的生命力。当女人认真走好脚下的每一步，认真规划自己的未来时，她的人生就开始闪闪发光。

把苦难婉约成一抹诗意

当岁月的伤痕与生命的苦难不期而至，有人悲伤太久，纵容眼底泪哭伤了双目；有人不堪重负从此心底投下浓重的阴影；还有人，将种种苦涩化为唇边云淡风轻的一抹微笑。安逸时从不受宠若惊，困顿时从不大呼小叫。顺境逆境都是风景。所谓精神贵族，说的就是这样一份从容。

在逆境中欣赏风景

有人说，林徽因的美是完整的美。她出身显赫，游学欧洲，专注于自己热爱的建筑学，在文学方面也有天赋……她的生活好像不应该和窘迫相关。在一些人眼中，她仿佛只是一个养尊处优地坐在客厅里高谈阔论的太太，但事实上，林徽因也有过困顿。生活的艰辛、疾病的折磨让她在苦难面前也有抱怨，但她还是坚持用生命中的一些美好——写一些浪漫的小诗，继续坚持完成建筑学著述——去化解苦闷。因为任何人在一个大的历史背景下都是如此渺小，她也只能跟随命运的脚步。

1937 年日本全面入侵中国，林徽因全家也随即开始了近十年的颠沛流离，从长沙辗转到西南的昆明，在全家前往昆明途中，路过湘西。湘西是沈从文的老家。他的小说《边城》中有很多湘西风光的描写，林徽因对此神往已久。即使旅途奔波劳累，也丝毫没影响

做林徽因 一样的女人

她欣赏美景的心境。当看到茂密的原始森林、四面环山泉水悠然，这自然造化的鬼斧神工让日夜担惊受怕的一家人心情放松了一些。

后来到了昆明又因为不断受到日军飞机的轰炸，林徽因一家随着营造学社前往四川李庄。在那里，她度过了最为艰苦的日子——疾病缠身、贫穷围绕。在李庄，由于医疗条件的限制，林徽因由于一次大病最终导致了肺部的癌变。

"空寂的小庙，娇枝嫩叶在凋零，靠着浪漫的自尊依稀去跨越那朦胧的桥身"，她轻轻慨叹，这段动荡的岁月生活注定艰难，但她已经准备好要"靠着浪漫的自尊"去承受、去跨越。

萧乾在《才女林徽因》中写道："听说徽因得了很严重的肺病，还经常得卧床休息。可她哪像个病人，穿了一身骑马装……"

林徽因不允许自己有半点邋遢，即使病痛缠身，她依然穿戴整齐。女为悦己者容，当然这绝对不是为了取悦别人，更多的时候，保持自身的优雅是取悦自己，如果外面的世界已经残败不堪，不如关照好自己，给自己走下去的动力。能有下一个明天，也许就有再次幸福的可能。

在最艰苦的日子，为了一家人的生计，林徽因叫梁思成去当掉大部分的家当，但是唯一没有当掉的就是一架留声机和几张贝多芬、莫扎特的唱片。

人活着，尤其是一个女人活着，总要去找一个信念来支撑，心有所想，梦有所求，才能维系住那些深楚的思想和情感。否则在这磕磕绊绊的人世中，你的优雅、你的端庄、你的美好都会缴械投降。没人愿意接受一个只会抱怨、只会发牢骚的女人。

所以，林徽因不肯当掉那个留声机，优美的音乐能在寒夜陋室中

□ 林徽因与费氏夫妇到朝阳门外骑马归来，摄于 1935 年。有时候林徽因心情不好，费氏夫妇就拉上她去郊外骑马，将城市里的尘嚣远远地隔在灰色的城墙和灰色的心情之外。

减轻剧烈咳嗽带来的痛苦，这是她灵魂的支撑。于是，她写下优美的诗句："太阳从那奇诡的方位带来静穆而优美的快感。"在这诗句中我们仿佛又看到那个始终不愿向岁月低头、优雅自持的睿智女子。

柴米油盐的平庸、颠沛流离的苦难终究无法湮没她对爱与美的追求，她的气韵在悲喜人生中完整地凸显。一个能在逆境中欣赏到独具特色的风景的女人，她的人生之路更显芳华与魅力。

尘埃中开出花朵，苦难中享受人生

面对生活中突如其来的变故，其实很少能有人一开始就从容面对。林徽因也曾抱怨，她在给费慰梅的信中说：

我一起床就开始洒扫庭院和做苦工，然后是采购和做饭，然后是收拾和洗涮，然后就跟见了鬼一样，在困难的三餐中根

做林徽因 ❀ 一样的女人

本没有时间感知任何事物，最后我浑身痛着呻吟着上床，我奇怪自己干吗还活着。这就是一切。

家务的琐事占了她做建筑研究的时间。之前，这些家务都由佣人打理，现在都得自己亲力亲为。她苦恼极了，于是她常常写信给她的挚友费慰梅。

费慰梅是美国人，在 23 岁时来到北平，她和林徽因相识后非常投缘，她们是用英语交流的。她们有太多的共同点，都是学习美术，都对中国艺术深怀兴趣，都对"美"很敏感，因为林徽因有着双重文化的熏染，她的一些想法更容易得到这位西方友人的理解。

所以，林徽因常常把烦恼向这位朋友倾诉。

最最亲爱的慰梅、正清，我恨不能有一支庞大的秘书队伍，用她们打字机的猛烈敲击声去盖过刺耳的空袭警报，过去一周以来这已经成为每日袭来的交响乐。别担心，慰梅，凡事我们总要表现得尽量平静。每次空袭后，我们总会像专家一样略作评论："这个炸弹很一般嘛。"之后我们通常会变得异常活跃，好像是要把刚刚浪费的时间夺回来。你大概能想象到过去一年我的生活的大体内容，日子完全变了模样。我的体重一直在减，作为补偿，我的脾气一直在长，生活无所不能。

在信中，我们也能够读出林徽因的一点幽默，以及在应对生活中那些无力改变的现状的一点诙谐。日子还得继续，愁眉苦脸并不能解决问题。

1940 年春天，梁思成和林徽因亲手设计并建造完成了 80 多平方

米的住宅，有3间住房和1间厨房。这座小屋背靠高高的堤坝，上面是一排笔直的松树，南风习习吹拂着，野花散发出清新的香，短暂的平静让人错觉又回到了往昔的生活。这是梁思成、林徽因夫妇一生中唯一一次为自己设计建造住房。

当年，在房屋建好之后，林徽因在给友人的信中提到："我们正在一个新建的农舍里安下家来。它位于昆明东北八公里处的一个小村边上。风景优美而没有军事目标……出人意料地，这所房子花了比原先告诉我们的高三倍的价钱，所以把我们原来就不多的积蓄都耗尽了，使思成处在一种可笑的窘迫之中……以致最后不得不为争取每一块木板、每一块砖，乃至每一根钉子而奋斗……"

林徽因用行动去践行她那"要用浪漫跨越艰难"的心愿。这里不是故乡，但是她相信，有家的地方才有归属感，她想要一个温馨的港湾，梁思成就去"为争取每一块木板、每一块砖，乃至每一根

□ 费正清夫妇与梁思成、林徽因夫妇合影。这两对夫妇是在一次聚会上认识的，费正清、费慰梅的中文名字就是梁思成夫妇取的，四个人的友情维系了一生。

做林徽因 一样的女人

钉子而奋斗"，苦难在这份浪漫中也褪去些许苦涩。

常常听到有人感叹："生活如一潭死水激不起一丝波澜，活着简直就是在浪费生命！"显然，这是不懂生活的人。生命本身是一张空白的画布，随便你在上面怎么画：你将痛苦画上去，看到的将是灰暗和空虚；将完美和幸福画上去，呈现在面前的将是绚烂和惊喜。

即便艰难又如何？当我们用诗一样的情怀去浇灌，就能让尘埃开出花朵。苦难困顿只在我们的额头上留下皱纹，却未在一个诗意的灵魂上留下烙印。

学会苦中作乐

张爱玲曾说："生活是一袭华美的袍，上面爬满了虱子。"

生命中有太多遗憾是我们无法绕过，也无法逃避的，人生在世不如意之事十有八九。

既然注定会遇到很多的困难，我们唯一能做的就是想办法突破生活和命运的樊篱。一个女人要懂得在一个变动的时代安身立命。

里希特有一句名言：苦难犹如乌云，远望去但见墨黑一片，然而身临其下时不过是灰色而已。也就是说，苦难也好，逆境也罢，都并非我们想象中那么难以跨越。这就需要我们用积极的心态去面对人生的逆境。

人生的顺境和逆境都有其独特的魅力和存在的价值，就好像沿途看风景，公园里有繁花似锦的优美，草原上有一望无际的辽阔。用一种积极向上的心态去面对人生，迎接挑战，并努力去除一切烦恼、

忧虑的屏障，就获得了成功的一半。

如果把人生比作一次旅程，那么满路荆棘坎坷只是路途的点缀，面向大海春暖花开才是目的地的风景。只要心存美好，坦然面对，总会看到想看的风景。女人有时会特别排斥逆境给自己带来的压力，她们希望自己永远看不到世间的丑陋、永远不去经历人世的磨难。其实，逆境才能让女人成长。

余光中曾说："未经世故的女人习于顺境，易苛以待人；而饱经世故的女人深谙逆境，反而宽以处世。"天真有时未必好，因为不懂世事艰难有时很难相处，而世故也未必不好，经历了人世沧桑反而更懂宽容。经历有时才是智慧的来源。

有了乐观的心态去面对逆境，剩下的就是要学会苦中作乐，让难挨的日子快点过去。林徽因的方法就可以借鉴。找最好的朋友去吐苦水，抱怨也许不能解决问题，可是有些情绪还是需要发泄。适度的倾诉后，找一件自己最感兴趣的事去分散精力。像林徽因，听听古典音乐、写几首小诗、去完成曾经自己专业领域的梦想，让精神世界充实丰富，现实世界的痛苦就仿佛减少了很多。

把自己感兴趣的事儿做好，还可能发现转逆为顺的契机。

曾有一位美食达人就是这样从一个平淡的家庭主妇的生活中，找到成功契机的。

在家中，她像每个家庭主妇一样为家人准备美味可口的食物，虽然得到家人的称赞，可是主妇的生活是那么枯燥无聊。于是，她就将自己做的美食发在论坛上，后来就写博客、拍照片、自己上传。

每天都有很多美食爱好者来同她交流，她得到了更多人的认可，后来竟出版了美食畅销书，又做了美食节目主持人。本来无聊的主

做林徽因 一样的女人

妇生活却让她实现了自己的社会价值。

发自内心地去做一件事情，真的会给你带来意想不到的收获与惊喜。

坎伯曾经写道："我们无法矫治这个苦难的世界，但我们能选择快乐地活着。"我们对林徽因的迷恋，更多是因为从她那里得到的是朝气和活力，是一种向上的精神状态。她将经年的流韵温进一盏茶香，去慢慢品味；她用诗一样的情怀享受人生，最旷世明媚的风景都能尽收眼底。

把苦难婉约成一抹诗意，去体验生命只有一次的珍贵和美好。

静/思/小/语

没有谁的人生能永远一帆风顺，时间也从不因为谁的痛苦就此停滞，学会在安逸时不受宠若惊，困顿时不大呼小叫，在尘埃中开出花朵，苦难中享受人生，去展现女人生命中特有的韧性。

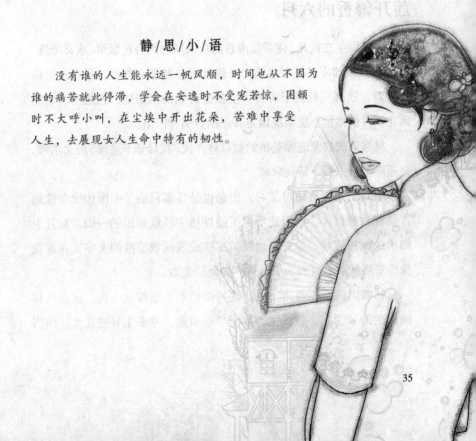

刚柔相济女人香

她来自江南水乡，她生在莲开的六月，她那样温柔娴静、优雅柔媚，她清丽的诗句中也总是有着温婉的气韵。

她从事科学严谨的建筑，西北的荒野留下过她的足迹和身影，建筑业的后生尊敬地称她为「林徽因先生」。

她闪耀古韵京城，她高谈论阔在自己的客厅。她把刚强和柔和恰到好处地调配，展现出令人目眩神迷的光彩。

莲开馨香的六月

林徽因生在杭州。诗意江南总能让人联想到杏花烟雨、水雾缭绕，就连青石板都应该是湿湿的。好像这里总是那么惬意，夏有十里荷花可看，秋有三秋桂子可赏。生在这诗意的栖居地，怎能不沾染到风花雪月的柔情？更何况她是真正出自书香门第。

林徽因的启蒙老师是她的姑母林泽民。姑母知书达理、温文尔雅，又通晓琴棋书画、诗词歌赋。

年幼的她跟从姑母学习，想必也是耳濡目染了中国传统女性的古典雅致的情怀，也因此形成了她性格中淡雅娴淑的一面。在月上柳梢的深深庭院，她安静地阅读那些或瑰丽或清淡的文字，在莲花徐徐舒展绽放的时节，少女情怀如诗般美妙。

林徽因的童年经历，也让她的性格不止温婉这一面。这得从林徽因的母亲说起。林长民的原配早早病逝，并未生养过儿女。何雪

36　　做林徽因 一样的女人

媛是作为续弦嫁入林家的。但何雪媛和林长民的婚姻并不幸福，她大字不识，最多算作小家碧玉，自然和学识深厚的林长民无共同语言，偏偏她的脾气也不大好，又不懂取悦丈夫，最后丈夫又纳妾室，何雪媛算是彻底被打入"冷宫"。

何雪媛对这样的境遇充满怨恨，所以时常对年幼的林徽因发脾气。我们无从知晓当时林徽因的感受，但至少，林徽因是不愿做这样的女人的。因为她在给好友费慰梅的信中说："我自己的母亲碰巧是个极其无能又爱管闲事的女人，而且她还是天下最没有耐性的人。刚才这又是为了女佣人……我经常和妈妈争吵，但这完全是傻帽和自找苦吃。"她爱妈妈却又无法忍受妈妈的暴躁。她一定曾想过母亲不幸福的根源，她也看到了一个不独立、没学识又不温柔的女人，注定不会幸福。

所以，在自己的人生中，在处理婚姻关系的时候，她不再重蹈母亲的覆辙。她温柔、善解人意，注重内在的修养又独立。

后来，她离开杭州古城，但是江南水乡的灵秀和小巷栀子花清雅的芳香已经深深融到这个秀美灵慧的女孩身上。

在林徽因 12 岁时，全家迁往京城，林徽因进入著名的北京培华女子中学上学。她江南女子温婉柔媚的气质让诸多校友迷醉。

儿子梁从诫在《回忆我的父亲》中这样描述父亲梁思成第一次见到母亲林徽因时的情景：

> 在父亲大约 17 岁时，有一天，祖父要父亲到他的老朋友林长民家里去见见他的女儿林徽因（当时名林徽音）。父亲明白祖父的用意，虽然他还很年轻，并不急于谈恋爱，但他仍从南长街的

□ 林徽因与母亲何雪媛、丈夫梁思成、女儿梁再冰拍于 1930 年。为人妻为人母的林徽因，同时也是何雪媛的女儿。何雪媛年轻时就不懂治家，年纪大了更学不会。帮不上忙就好了，有时候还会添乱。光宝宝（梁再冰的小名）的吃喝拉撒这件事，母女俩就常常会起争执。

梁家来到景山附近的林家。在"林叔"的书房里，父亲暗自猜想，按照当时的时尚，这位林小姐的打扮大概是：绸缎衫裤，梳一条油光光的大辫子。不知怎的，他感到有些不自在。

门开了，年仅 14 岁的林徽因走进房来。父亲看到的是一个亭亭玉立却仍带稚气的小姑娘，梳两条小辫，双眸清亮有神采，五官精致有雕琢之美，左颊有笑靥；浅色半袖短衫罩在长仅及膝下的黑色绸裙上；她翩然转身告辞时，飘逸如一个小仙子，给父亲留下了极深刻的印象。

当然，被吸引的人不止梁思成一个人。林徽因随同父亲林长民在英国游学期间，遇到了诗人徐志摩。徐志摩同样被她聪颖的才气和清雅柔媚的气质所吸引，在几次的交谈和会面之后，林徽因内在的精神气质更让徐志摩下定决心，进行热烈的追求。

女人的温柔永远是击败男人的最有力武器。男人很容易被女人的美貌吸引，可当男人真正读懂女人这本书的时候，他们就会惊奇地发现其实温柔才是女人的经典之处。男人外表虽然坚强，但他们的内心却往往是很脆弱的。他们需要用女人的温柔去装点他们内心对家庭和爱情的渴望，他们的自尊有时候要靠女人的温顺来做标榜。现实生活中，我们常常听到男人这样说："在外面你一定要给我面子，要事事顺从、温柔贤惠。回到家里我可以什么都听你的。"这就是男人的面子问题，也说明了女人温柔的重要。所以，女人柔情似水、柔声细语、温雅如莲绝对是男人致命的诱惑。

做"我"自己

她喜欢骑马，好朋友费慰梅引导她了解马术，她很快就掌握了骑马的要领并爱上了这项运动。林徽因很有骑师的天赋，她在马背上神采飞扬、英姿勃发。这样一位巾帼骑师和那时的温婉的江南少女，都叫同一个名字——林徽因。

林徽因倘若只懂温柔，只会撒娇，她早就淹没在了历史的长河中。她虽无张爱玲般凌厉，但是也张扬着自我独特的个性之美。

即使母亲在林家是不被重视的，但是作为林长民的长女，林徽因的出生在当时还是给全家带来了希望和欢喜。林长民思想开明，并无重男轻女的倾向，加之林徽因小时就聪慧乖巧，所以，林长民对这个长女的期望很大，他希望女儿是一个有独立的见解和独立的精神的新女性，而不只是做一个守旧的传统妇女。他对自己的女儿由衷欣赏，不无骄傲地对徐志摩说："做一个天才女儿的父亲，不是容易享的福，你得放低你天伦的辈分，先求做到友谊的了解。"背负着这样的期望，林徽因真的做到了和同时代众多男士成就相当，甚至有所超越。

林徽因原名本来是林徽音，徽音改为徽因是在 20 世纪 30 年代。

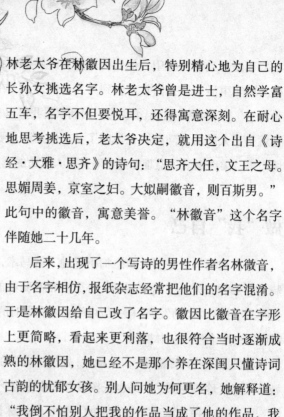

林老太爷在林徽因出生后，特别精心地为自己的长孙女挑选名字。林老太爷曾是进士，自然学富五车，名字不但要悦耳，还得寓意深刻。在耐心地思考挑选后，老太爷决定，就用这个出自《诗经·大雅·思齐》的诗句："思齐大任，文王之母。思媚周姜，京室之妇。大姒嗣徽音，则百斯男。"此句中的徽音，寓意美誉。"林徽音"这个名字伴随她二十几年。

后来，出现了一个写诗的男性作者名林微音，由于名字相仿，报纸杂志经常把他们的名字混淆。于是林徽因给自己改了名字。徽因比徽音在字形上更简略，看起来更利落，也很符合当时逐渐成熟的林徽因，她已经不是那个养在深闺只懂诗词古韵的忧郁女孩。别人问她为何更名，她解释道："我倒不怕别人把我的作品当成了他的作品，我只怕别人把他的作品当成了我的。"

她的回答张扬着自我独立的品格，她很自信，想让众人看到自己。当然，她值得别人注目，不光因为她青春美丽的脸庞，还有她的才华和理想。这就是她性格中"刚"的部分。

当她面临专业选择时，她义无反顾地选择建筑专业，这个专业在开放自由的宾夕法尼亚大学都不对女生开放，因为这个专业不适合女性。她虽然最后只能选择美术专业，可是她却旁听了所有建筑专业的课程，并完成了这一专业的所有作业。最后，她于 1926 年春

做林徽因 一样的女人

季开始，成了建筑设计这门课的助教。

她绰约的风姿之下隐藏的是男人般的刚毅。她完美地将温柔、风情和直爽、坚定融合为一体。她的新诗《莲灯》中有这样的诗句： 如果我的心是一朵莲花／正中擎出一支点亮的蜡／莹莹虽则是那一剪光／我也要它骄傲地捧出辉煌。漆黑的生命长河中，生命之灯闪耀不息。用来象征生命的过程和生命个体内在的精神力量，她从来没有放弃过追求自我和实现自我。她立志成为建筑学家，这就是她最真实的志向抒发。

用温柔和刚毅骄傲地捧出辉煌

林徽因有着刚毅的一面，但同时带有很浓的女人味，她温婉而不给人压力，又懂得实现自我。她在刚柔之间准确拿捏，游刃有余。老子曾说："上善若水，水善利万物而不争。"也许是生于江南水乡的缘故，总能感觉林徽因就是水样女子，她的智慧就像阳光下的一滴水珠，纯净、朴素，却闪着迷人的光芒。

在生命中，最大的特质是柔软。这里所说的柔软其实是生命的一种韧性，是一种可以静若处子、动如脱兔的生命张力。它让生命有一种弹性。女人不能只有一面，想让男人不变，唯一的办法是自己多变。适时温柔，内心又独立。

瑞士著名心理学家荣格曾提出"双性化人格"的概念，即"男人自我中的女性化部分"和"女人自我中的男性化部分"。他认为，不管是男人还是女人，只有将这两个方面结合才能接近完美。更简单地说，一个迷人的女性，她不单单只有温柔、美丽、贤惠这些女

□ 林徽因有着刚毅的一面，但同时具有很浓的女人味，她把刚强和柔和恰到好处地调配，展现出令人目眩神迷的光彩。

性特征，她还要兼具男人性格中的一些特点，如坚强、主动、豁达、沉稳、有一定的专业研究能力等。这才能成就女性的理想类型。林徽因恰恰具备了这些要素，所以，她有着积极的人格特质，从而也拥有更强的个人魅力。

有很多女人也兼有柔和刚，但却没有准确拿捏。她们只把温柔留给自己。内心脆弱渴望保护，不愿独立不够自信，每天夜深人静顾影自怜，可是当第二天的太阳一升起，马上带上坚强的面具，端出一副高高在上的架势。对别人充满防备，每天都是不甘示弱孤军奋战，像个伞人一样硬撑着。她们不懂用"百炼钢成绕指柔"的方法去处理问题。最后，自己成了一个大问题——男人都敬而远之。

女人都不缺乏温柔的特质，只是有时我们从小就被教育成为坚强的人，渐渐地就藏起了本能的温柔。温柔既然可以化解男人的冲动和莽撞，就要懂得柔情，懂得厚积薄发。懂得爱男人也是在保护自己，它可以让男人对她心怀感动，可以让两个人的爱更加坚定。

但是，女人对自己可别过分温柔。内心过于柔软，就会变得脆弱。女人必须懂得，男人可以用来依靠，但是绝对不能依附。不管是在热恋中还是在婚姻中，要看清自己，实现自己的价值。男人可以为你遮风挡雨，可是他不能为你解决所有问题。你的挫折、你的不顺利，还得用智慧，用个人魅力，用积累的人生经验去化解。现在很流行一句话"你若不勇敢，没人替你坚强"。他可以照顾你的衣食住行，他可以关注你的每一个心理需要，但是，你用自己的能力获得成功的满足感他给不了。你可以只要他一个人的赞美，可是你又不能保证他会一直持续欣赏。你要知道，有一种东西叫审美疲劳。

所以，别让他成为你生活的全部。要用自己的独立和刚强活出自己的精彩，他才会对你更加珍视。

林徽因的文化沙龙聚集了北京城知识界最优秀的学者、教授，他们被她的魅力、见多识广、见解吸引而来。费正清回忆说："她是有创造才华的作家、诗人。是一个具有丰富的审美能力和广博的智力活动兴趣的妇女，而且她交际起来又洋溢着迷人的魅力。在这个家，或者她所在的任何场合，所有在场的人总是围绕着她转。她穿一身合体的旗袍，既朴素又高雅，自从结婚以后，她就这样打扮。质量上好、做工精细的旗袍穿在她均匀高挑的身上，别有一番韵味，东方美的娴雅、端庄、轻巧、魔力全在里头了。"

大家公认的、集美貌与才情于一身的女神属于自己，梁思成怎么能不把她当作宝贝捧在手心呢！

静 / 思 / 小 / 语

柔情似水，柔声细语，温雅如兰对男人来说是致命的诱惑，坚强、主动、独立的性格也能让女人闪着迷人的光芒。适时温柔，学会独立，把刚强和柔和恰到好处地调配，然后，展现出令人目眩神迷的光彩。

第二章

捧兰心蕙质，驻书香悠长

—— 女人的修养成就生命的丰盈

于三千世界，智当凌驾于事

她曾静如白莲，摇曳在波光微粼的六月天；她也曾灿若烟花，绚烂地绽放在最美的年华。她坐在静谧的光阴里，看世事繁芜，笑望云卷云舒，把岁月过成减法，用智慧延续着美丽。身处浮华婆娑的红尘，却心若莲灯，若非真正懂得智慧，又怎能稳稳抓住幸福？

经历成长风雨，画出智慧彩虹

林徽因天资聪慧，又爱读书，6岁就能识文断字，开始为祖父代笔给父亲林长民写家书。

林家保存了一些林长民给女儿的回信：

徽儿：

知悉得汝两信，我心甚喜。儿读书进益，又驯良，知道理，我尤爱汝。闻娘娘往嘉兴，现已归否？趾趾闻甚可爱，尚有闹癖（脾）气否？望告我。祖父日来安好否？汝要好好讨老人欢喜。兹奇甜真酥糕一筒赏汝。我本期不及作长书，汝可禀告祖父母，我都安好。

父长民三月廿日。

父亲眼中的女儿是"驯良、知道理"的。可见，她儿时不仅仅只懂看书识字，她的童年并不是无忧无虑只懂肆无忌惮地争抢糖果玩具。她生在这个关系复杂的家庭，母亲不得父亲宠爱，这让她很小就懂得察言观色。大人们之间的纷争她看在眼里，并试着用最完美的方式去处理种种复杂的关系。

她爱父亲，却恨他对自己母亲的无情；她爱母亲，却又恨她不争气；她以长姊真挚的感情，爱着几个异母的弟妹，然而，那个半封建的家庭中扭曲了的人际关系却在精神上深深地伤害过她。

这样的伤害对于曾经懵懂的孩子来讲有些残酷。但是，也让小小的林徽因早早知晓了人情世故，最终让她在面对更复杂的感情纠葛时，懂得在道德的禁区内止步。

她承受了母亲太多由于得不到宠爱而歇斯底里的情绪，母亲的不幸福让林徽因知道，不应重蹈她的覆辙。

母亲婚姻不幸福有很多原因。

父亲林长民是一个文人，而母亲何雪媛却目不识丁。父亲的满腹才情和理想抱负自然无法和她倾诉。再加上母亲不懂温柔，夫妻二人本来就无话可说，后来总是争吵。

所以，林徽因之后的种种人生选择，都绕开了母亲的种种不幸。

她选择了与自己志同道合的梁思成作为丈夫，梁思成虽不善于言辞，但也懂得不动声色的幽默，他的笃诚宽厚让林徽因感到有一种安全感。梁思成心甘情愿地接受林徽因的建议，两人双双到美国去学建筑，共同的事业让他们有说不完的话，他们的结合以坚定的志向为基础，因此他们的婚姻无比牢固。

在丈夫梁思成的眼中，林徽因是如此聪慧，"做她的丈夫很不容易……我不否认和林徽因在一起有时很累，因为她的思想太活跃，

□ 林徽因与父亲林长民。小的时候，林徽因是不怎么喜欢父亲的，或者说，她不喜欢和父亲聚少离多的那种相处方式，父亲似乎永远在自己看不见的地方忙忙碌碌。

和她在一起必须和她同样反应敏捷才行，不然就跟不上她"。

于是，梁思成用一生的脚步去追随。

林徽因的聪明也许是与生俱来的，可是，她的智慧却经历了多少岁月的凝练。从坎坷到华丽，从不谙世事的少女到洞悉世事的智者，她曾经历的每一次痛苦都是智慧的一抹曙光，智慧不是靠聪明来理解，是靠疼痛后的彻悟。

别总是畏惧痛苦，倘若一味地在痛苦中哀痛、呻吟、一蹶不振，痛苦的味道就会越来越浓。要努力从痛苦中解脱出来，它就变成了对幸福的暗示。生活五彩缤纷，欢乐与痛苦同在，经历了这一次的痛苦，你才不会犯同样的错误。

没有智慧的人生，是对生命的辜负

当她用一坛山西香醋去回应别人出于嫉妒对自己嘲讽的时候，很多人说她是如此聪明，既避免了一次不上台面的口舌之争，又对别人的菲薄以巧妙回击。她的聪明的确无可置疑。倘若只是聪明，还不足

做林徽因 一样的女人

以将自己的人生经营得如此旷达丰满。她拥有的是过人的智慧，这智慧常常和理性相伴。她的才华让众人交口称赞，但她却从不迷失在浮华的赞誉里；她的爱情一波三折，但她知道哪一种人生才能通往幸福。

母亲的遭遇让她对爱情、婚姻有很多感悟。至少，她知道一个不懂温柔、没有学识、只把所有期待寄托在男人身上是不会幸福的。她努力地充实自己、丰富自己，她的智慧让她找到通往幸福的路径。

有人质疑林徽因的文学成就不及张爱玲，可是，林徽因写诗，从不刻意为之，她追求的是灵感来时真情流露的神来之笔，这并不妨碍诗歌语言的精巧飘逸。张爱玲的才情也许胜于林徽因，可由于这才情才有的犀利通透，和内心的脆弱细腻也让她在感情上吃了很多苦头。

而林徽因的智慧就在于，她将家庭和事业做了很好的平衡。她才华横溢，也懂得隐藏锋芒。她的诗歌不多，但首首精致并蕴藏哲理。就是对于死亡，她也将其看得超然。她从不把写诗作为职业，所以她的诗也从不满足停留在表层的情感抒发。

她在《人生》一首诗中，就寄寓了咀嚼人生后的思索。她用智慧的双眼看透了生命的终点是死亡和生命之美的短暂性，是生命哲学之光照耀下迸发出来的智慧的火花。既然每个人都会死亡，那就要在短暂的人生中找到存在的意义，这一世的责任就是找寻生命的美好，所以理性地、自尊地面对生。林徽因的生活从来都不是虚幻的，是真实的存在。她用心灵的纯美和庄严，用最实用的生存智慧，在岁月流走中，找到恒长的宁静。

人 / 生

——林徽因

人生，
你是一支曲子，
我是歌唱的；

你是河流
我是条船，
一片小白帆
我是个行旅者的时候，
你，田野，山林，峰峦。

无论怎样，
颠倒密切中牵连着
你和我，
我永从你中间经过；

我生存，
你是我生存的河道，
理由同力量。
你的存在
则是我胸前心跳里
五色的绚彩
但我们彼此交错
并未彼此留难。
……
现在我死了，
你——
我把你再交给他人负担！

有人说，林徽因不过是容貌艳丽才使自己的文化沙龙高朋满座。可是，你知道，那些蜂拥而至的都是各个领域的精英，除非用智慧，否则那些文化名流难以取悦。

曾经的沙龙客之一萧乾回忆说：她说起话来，别人几乎插不上嘴。别说沈先生（沈从文）和我，就连梁思成和金岳霖也只是坐在沙发上吧嗒着烟斗，连连点头称是。徽因的健谈绝不是结了婚的妇女那种闲言碎语，而常是有学识、有见地、犀利敏捷的批评。我后来心里常想：倘若这位述而不作的小姐能够像 18 世纪英国的约翰逊博士那样，身边也有一位博斯韦尔，把她那些充满机智、饶有风趣的话一一记载下来，那该是多么精彩的一部书啊！

也有人说，她在建筑领域的贡献不过仰仗她的丈夫，可是，你知道，每一次在穷乡僻壤、荒寺古庙中考察古建筑都有她的身影。梁思成向自己的学生们说，在自己的很多著作中，最精彩的一笔都是林徽因的功劳。

用智慧找到真爱

作为一个女人，她曾经历徐志摩的冲动而炽烈的追求，拥有梁思成对她的忠厚笃诚的守护，还有金岳霖对她理性无私的柏拉图之爱。倘若没有智慧，这样的爱都将是负担，甚至会成为不幸福的根源。

幸运的是，她很清楚自己要的是什么，感情方面收放自如拿捏得当。

而在现实中，大多数女性都是感性的，她们并不清楚自己想要的是什么，尤其是在恋爱的时候，都喜欢凭着感觉，这往往就成了

失败爱情或者婚姻的根源。

因为有的时候，感觉是不可靠的。其实，花心的男人通常是浪漫的，如果真的要跟着感觉走，女人很容易被这样的人吸引。

就像诗人徐志摩，将爱情当作一项伟大的事业，在风景如画、美丽宁静的伦敦康桥，也曾吸引过16岁的林徽因。

徐志摩写给林徽因的一封封热烈的求爱信，让林徽因感受到了热烈的爱情。如果她只是跟着感觉走，不但会给徐志摩的发妻带来巨大的伤害，自己也不会因为有了这样的爱情而幸福。睿智的林徽因看到了两个人存在的最大问题，她也以此为由回绝了徐志摩。

> 徐兄，我不是您的另一半灵魂。我们是太一致了，就不能相互补充。我们只能平行，不可能相交。我们只能有友谊，不能有爱情。

能给她真正踏实的幸福的只有梁思成。

她很清楚，"徐志摩当时爱的并不是真正的我，而是他用诗人的浪漫情绪想象出来的林徽因，可我其实并不是他心目中所想的那样一个人"。林徽因和梁思成是互补的，有人把他们比作"齿轴和齿帽，经过旋转、磨合，很合适地咬啮在一起，相互成全为更有用的一个整体"。这个比喻是如此恰当。是林徽因的智慧的选择，让她拥有这段幸福的婚姻。

在热恋中，一个16岁的少女可以如此清醒，她懂得放手，不为难别人，也成全了自己。放手不代表承认失败，放手只是为自己再找条更美好的路！

也许，在她拒绝了徐志摩后，内心也曾痛苦，就如同每个失恋

做林徽因 🌹 一样的女人

□ 徐志摩（中）热烈地追求林徽因（左），不惜抛弃妻子张幼仪（右），最终坚定地与原配离了婚。但林徽因理智地选择了拒绝，因为那份违背伦理道德的爱，她实在是承受不起。

的女人。可是，她的智慧就在于，她懂得从生活中找到快乐。她的世界除了恋爱还有更美好的事，所以不必为了任何人、任何事折磨自己，明早，太阳会依旧升起。凭借智慧与优秀的男人并肩前行，林徽因成就了永恒的传奇。

静/思/小/语

女人应该努力地充实自己、丰富自己，用智慧找到通往幸福的路径。人生的很多时刻，需要自己决定前进的方向，身处浮华婆娑的红尘，应该用心灵的纯美和庄严，用最实用的生存智慧，去稳稳抓住幸福，把岁月过成减法，用智慧延续美丽。不迷失在浮华的赞誉中，不彷徨于痛苦的经历里，用智慧找到自己想要的幸福。

她有充满生命之美、似锦的青春年华，她有无与伦比的家族底蕴和流淌在血管里的高贵气质。更重要的是，她对自我生命的价值有着充分的认识，她学识与优雅兼具，让男人由衷地钦佩和赞赏。即使是岁月的轻霜爬上脸颊，也如同春雨般沁人心脾。

学识沉淀女人香

梁思成曾说："林徽因是个很特别的人，她的才华是多方面的。不管是文学、艺术、建筑，乃至哲学她都有很深的修养。"她具有的传统文化意蕴、学识素养之深不言而喻。

这并非是梁思成的"情人眼里出西施"，就连曾任民国时期中央研究院历史语言研究所所长的傅斯年都曾对她做出高度的评价，傅斯年为梁思成致函国民党政府教育部长朱家骅，恳求拨付研究经费，信中提及林徽因，道是"其夫人，今之女学士，才学至少在谢冰心辈之上"。

费慰梅这样回忆她的亲历感受：

每个老朋友都记得，徽因是怎样滔滔不绝地垄断了整个谈话。她的健谈是人所共知的，然而使人叹服的是她也同样擅长写作。她的谈话和她的著作一样充满了创造性，话题从诙谐的轶事到敏锐的分析、从明智的忠告到突发的愤怒、从发狂的热情到深刻的蔑视，几乎无所不包。她总是聚会的中心人物，当她侃侃而谈的时候，爱慕者总是为她那天马行空般的灵感中所迸发出的精辟警语而倾倒。

很多女性总是抱怨自己的意见没人倾听，同爱人缺少沟通和交流，每每多说几句，还被人说成唠叨，这大概是因为她们的话是"结了婚的妇人的那种闲言碎语"。

这样的女人不愿意学习知识、增加学识，所以和丈夫沟通的内容就会被限制在家庭琐事和工作烦恼的倾诉上。没有人愿意长时间做"垃圾桶"，这些负能量让丈夫不愿意或者无法承受。他也有自己的烦恼，所以只能采取逃避的态度，或是拒绝沟通，或是不愿意回家。这样直接导致两人的疏离，妻子感受不到关怀，丈夫感觉不到温柔。

如果妻子只是一味地抱怨和唠叨，说的话毫无营养，自然没人愿意倾听。拥有丰厚学识的女人就不同，她们谈吐不凡，字字珠玑，句句精辟，在生活的细微之处、平常之时，显示出其智慧的力量和美丽。她们的话通常更有说服力，如同春风化雨般沁人心田。同这样的女人沟通，才是人生的一大乐事。

也有年轻的女性总是哀怨，自己没有一副好口才，因为胆子小说话总是吞吞吐吐。其实好的口才是建立在丰厚的学识之上的。一个目不识丁的女人很难口吐莲花，想要在众人之中侃侃而谈，那必定要积累学识，才能有话可说，说得漂亮。很多国学大师，他们的语言表达酣畅淋漓、自然大气，这些仰仗的是深厚的文化根基。

□ 正如梁思成所说,林徽因的才华是多方面的,不管是文学、艺术、建筑,乃至哲学她都有很深的修养。

用学识来撑起气场，这样不管走到哪里，迎来的都是欣赏的眼光。丰厚的学识让女人在"乱花渐欲迷人眼"中更显得独树一帜。

未若柳絮因风起

人们经常把有才气、有学识的女人称为"咏絮之才"，这其中还有典故。

在一个寒冷的雪天，晋朝名将谢安谢太傅把侄儿侄女聚集在一起，跟他们谈诗论文。不一会儿，雪就下得很大了，太傅高兴地说："这纷纷扬扬的大雪像什么呢？"他哥哥的长子胡儿说："撒盐空中差可拟。"意思是，跟把盐撒在空中差不多。他哥哥的女儿道韫说："未若柳絮因风起。"意即不如把雪比作柳絮被风吹得满天飞舞。

飞絮是比喻，撒盐也是比喻。以撒盐比拟下雪，就显得笨拙，风吹柳絮的比喻就精妙得多。谢道韫一喻成名，后人夸人有才，尤其是夸女子有才，便以"咏絮之才"加以赞美。

看似随口一说，却能展现出优雅的情操和艺术修养。在浩瀚的文史典籍中，我们依旧能捕捉到她的风雅神韵。

所以，有学识的女人能够依据自己的知识、独特的看法、独到的见解，在别人绞尽脑汁、不知如何解决问题时，她们会根据自己的经验和积累，来辨明问题、解决问题。

林徽因的学识就在一个关键时刻发挥出了巨大的作用。

1949 年 7 月 10 日，中华人民共和国成立前夕，政治协商会议筹委会在《人民日报》等各大报刊，刊登了公开征求国旗、国徽图案

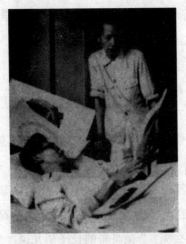

□ 林徽因与病中的梁思成讨论国徽
的设计方案。自从接受了国徽设计
的任务，林徽因的生活就像拧满了
发条的钟，每一天都以分钟计。

及国歌词谱的启事。

由梁思成和林徽因领导清华大学国徽设计组的工作。当国徽征稿结束时，已收到了全国各地，包括海外侨胞设计的900多件图案，但是这些图案设计水平参差不齐，高水准的很少，大多数像商标图案。

在和大家讨论国徽和商标的区别时，林徽因说："国徽是一个国家的标志，它体现一个民族的历史、一个国家的意志、一个政党的主张。中国的国徽要有中国的特征、政权的特征，形式也要庄严富丽，应该表现中国人民的自豪感。商标只是商品的标志，它只具有商品注册的意义，这是两个完全不同的概念。我们必须加以区别。"

她还找出比利时、澳大利亚、尼泊尔等许多国家的国徽给大家展示并讲解，希望能有所借鉴，灵感有所激发。

经过几个月的努力，图案终于出来了，它最终得到了评审委

做林徽因 🌸 一样的女人

员们的认可，在周总理的建议下，经过一些小的调整，就成了我们现在的国徽。国徽凝聚了林徽因的汗水，也是她学识的展现。从构图到意象的选择，都用到她积累多年的美术、建筑、文学、历史知识。

有学识的女人，就是如此地坚定自信、谦虚而好学。这样的女人对男人来讲，如果懂得珍惜，必然是男人不可或缺的财富。

装点生命之美

林清玄在《生命的化妆》中说，女人化妆有三个层次。其中第二层化妆，是改变体质，改变生活方式、保证睡眠充足、注意运动和营养，改善皮肤、精神充足。第三层化妆，是改变气质，多读书、多欣赏艺术、多思考、生活乐观、心地善良。女人的学识和修养才能真正装点出生命的色彩。

卓尔不凡的学识会彰显优秀女人的风韵。才华的出众、举止的高雅，之于朋友，是良师益友；之于爱人，是灵魂之伴侣。有学识的女人往往学业优秀，独特的气质和宽宏的气量更是让人折服。

两次荣获诺贝尔奖的伟大科学家居里夫人，她的学识举世认可。有一天，居里夫人的一位朋友来她家做客，看见她的小女儿正在玩英国皇家学会刚刚颁发给她的金质奖章，于是惊讶地说："居里夫人，得到一枚英国皇家学会的奖章是极高的荣誉，你怎么能给孩子玩呢？"居里夫人笑了笑说："我是想让孩子从小就知道，荣誉就像玩具，只能玩玩而已，绝不能看得太重，否则将一事无成。"

学识让女人强大到可以看轻荣誉。宽广的胸怀，是人性中的美

丽与高贵。青春将随着岁月而流逝，学识则能使女性骄傲一生。它的最大作用就是让人认识深刻，变得理性，而绝对的理性，如康德所言，是人类社会最需要之所在。

凭着日积月累而来的学识所得到的智慧，使女人在岁月的轻霜爬上脸颊后依然风韵犹存，不失典雅的风范。

学识通过读书、经历的积累，已经不仅仅是饱览诗书、通晓古今这样简单，它已内化成一种气质，处世的灵活机巧、思考的面面俱到，成就了她们健康美丽的人生。

漫步人生路，她内心的坚强，她用过人的洞察力、判断力、思辨力和表现力，让所有审视的眼光充满欣赏与爱慕。她从未得意过青春的娇艳，也不曾感叹岁月的无情，学识给了她灵魂的滋养，让她的人生在逐渐老去的旅途上更极致、更优雅。

静 / 思 / 小 / 语

学识，是一种内在的气质，是一种内涵，是处世的灵活机巧，是丰富经验的积累，是面面俱到的思考。女人，不去得意青春的娇艳，也不整日抱怨岁月的无情，让学识成为滋润心田的甘泉，成为心灵受伤时的抚慰，让学识给灵魂最好的滋养。

面带微笑赶赴生活的行程

微笑能牵动人们内心深处的情愫,凝聚着生命的和谐。

你的笑,绿了荒野,晴了雨天。

用微笑书写人生最美的诗

林徽因儿时,很少大声地笑。她的童年并非单纯愉快,微笑大概是她最得体的表情。

她有自己的无奈和挣扎,母亲的不快乐她要用乖顺去安抚,父亲的殷殷厚望更让她不能辜负,她要努力在祖父、祖母、父亲面前当乖巧伶俐的"天才少女"。

这个家庭是复杂的,可谁又能选择自己的父母呢?

其实,人生的很多境遇若能懂得随遇而安,都不会成为太大的困扰。

聪慧的她没有让自己在这矛盾中挣扎太久,她以温柔的方式将自己人生路上的种种荆棘扫除。当她带着一抹淡淡的微笑去处理大人们之间的纷争,那个讨人喜欢、明事理的林徽因赢得了全家人的尊重。

深/笑

——林徽因

是谁笑得那样甜，那样深，

那样圆转？一串一串明珠

大小闪着光亮，迸出天真！

清泉底浮动，泛流到水面上，

灿烂，

分散！

是谁笑得好花儿开了一朵？

那样轻盈，不惊起谁。

细香无意中，随着风过，

拂在短墙，丝丝在斜阳前

挂着

留恋。

是谁笑成这百层塔高耸，

让不知名鸟雀来盘旋？

是谁笑成这万千个风铃的转动，

从每一层琉璃的檐边

摇上

云天？

这首《深笑》在自然空灵中洋溢着孩子般天真的笑，林徽因用她的巧思去解读深笑的魅力、纯美的笑，蕴含着生命之美的纯洁与绚烂。

父亲越来越欣喜于她的驯良、聪慧。在她 16 岁时，父亲带她去欧洲远行，他认为，天才的女儿有必要出去增长见识，接受更先进的教育和文化熏陶，还有一个更重要的原因，林徽因在家庭夹缝中的努力其实父亲一直看在眼里，远行可以让女儿远离让人身心俱疲的琐碎的家庭纷争。

林徽因用坦然、从容的微笑为自己赢得了众人艳羡的游学。这是她很重要的人生积累。

当她报以生命一个真诚的微笑，一切来自外界的纷扰和来自内心的羁绊都将变得无足轻重。

人生很多事我们无法选择，也不能躲避，甚至无法逃避，但是受约束的是生命，不受约束的是心情，微笑的人并非没有痛苦，只不过她善于把痛苦锤炼成诗行。

坦然面对，会迎来下一个柳暗花明。

也许你正深陷挫折痛苦不堪，整天的愁云惨淡除了能获得怜悯，其实根于事无补，骄傲的你难道在意的是收获旁人的同情？不如晚上对镜中的"你"笑上几分钟。心理学家告诉我们，外部的体验越深刻，内心的感受越丰富。不如用微笑改造心情，因为，越快乐，越幸运。

微笑于女人是一种淡然，是一种智慧，是一种坚强。

很多人相信宿命中的所谓流年，只因为有很多事情是很难由我们自己把握掌控的。所以王菲唱道：懂事之前，情动以后，长不过一天，留不住，算不出，流年。

可是，既然流年不可避免，不如从容面对，即使失婚失爱也不落魄，要淡然微笑依然洒脱。不让爱情的来去打扰自己的生活，因为幸福要掌握在自己手中。

让微笑赋予你生活新的内涵，将怯懦化为勇敢。

用微笑让世界低头

林徽因一生中最美好的年华是在北总布胡同的那七年。

这个北京典型的四合院很是清幽雅致，里面种着几株开花的树。住房的屋顶都由灰瓦铺成，房屋之间铺着砖的走廊也是灰瓦顶子。面向院子的一面都是宽阔的门窗，镶嵌着精心设计的木格子。

林徽因对新居很是满意，这位美丽的主妇不但打理家务，还跟随丈夫一起加入营造学社，并担任了校理的职务。

虽然忙得不可开交，她还是不忘充实自己，她向丈夫提议："我们也办一个 Salon（沙龙），时间就定在下午，周六或者周日的下午。客人嘛，适之肯定是要请的，志摩、奚若、从文、叔华……他们也可以再请他们的朋友来。大家一起喝喝茶、聊聊天，交流一下自己的新作品。哇，光是想想就觉得不错呢！谈笑有鸿儒，往来无白丁，既不失古意，又很现代，你说是不是？"

由于女主人能够恰到好处地展现自己的才华，能够调动起别人的优点和长处，这个小小的客厅后来成了 20 世纪 30 年代北平最有名的文化沙龙，由于融入了当时以男性为主的京派知识分子群体，作为沙龙的女主人难免要面对许多流言蜚语。

就连平时还算有些交情的朋友都写文章讽刺她，之后更多的非

做林徽因 一样的女人

议如飞蛾扑火般奔向她。面对攻击的言论她一笑置之。她知道这样的非议不过于同性的妒忌，这样的妒忌恰恰证明了自己的魅力：一个成功的女人就是，让男人喜欢，让女人妒忌。

□ 1920 年，林徽因在伦敦。林徽因从微笑中领悟到了博爱和尊重，也挥别了生活中的烦恼和尴尬。

林徽因全都具备。她微笑，是因为她将事情的本质早就看得通透，她的不回应让好事者的热脸无处安放。用微笑去回应流言，坐等流言烟消云散，是智慧女人独有的气魄。

这样的女人，有一种超然的心境，微笑是她们自信的流露。她们不因生活中的得失而悲喜不定，她们的豁达和淡定能够为自己的心灵找到生命之初最本质、最原始、最淳朴的宽容。所以，她们值得拥有更丰富的生活，自然也能带给男人更愉快的生活体验。不管潮起潮落，都能坐看云卷云舒，在宁静中享受生活的馈赠。行走于人生旅途，行程中什么都可以不带，但不能没有微笑。

失意时将笑意写在脸上，你也许比自己想象中还要坚强。

懂得对爱人微笑

美好的时光总是短暂的，随着内战的爆发，林徽因同梁思成开始了颠沛流离的生活。生活最拮据时，梁思成甚至要去典当家里的一些物品。林徽因的身体也每况愈下，她的心里不禁有些酸楚。

再坚强的女人在精神和肉体双重苦痛的折磨下也难免脆弱。

温良敦厚的梁思成对她悉心照料，而且从未在林徽因面前流露出消极的情绪。当把一支陪伴了他20多年的金笔和一块手表当掉后，却只能在市场上买两条草鱼。但梁思成拎着草鱼回家后，他边哼小曲边做家务，回头微笑着跟妻子说："把这派克金笔清炖了吧，这块金表拿来红烧。"

谁说贫贱夫妻百事哀，他们的物质条件已经不能再差了，可是梁思成这温暖的微笑将爱的彩带丝丝缕缕地缠绕着爱人的心扉，林徽因看着丈夫进进出出的忙碌背影，眼睛慢慢地湿润了。

在相爱的人眼里，爱人的微笑都是最炫目的。很多年前，梁思成第一次见到林徽因，她莞尔一笑，他一见倾情，愿一生守候，他没辜负自己的决心。微笑让他们在苦难中贴得更紧。他们互相鼓励，重新找到生活的希望。

逆境中，有的夫妻在互相埋怨中渐行渐远，有的则经受住了现实的考验。

曾有一位落魄的千万富翁，在事业鼎盛时期，拥有五家娱乐城，旗下有1000多名员工。可是在20世纪90年代后期东南亚金融危机的冲击下，加之自己对企业经营不善，一夜之间企业就倒闭了。那段时间他受到了极大的打击，从高处跌落的感觉让他无法接受，一头黑发竟然在几天之内就变成了白发。

在他人生最低谷、最失意的时候，妻子不离不弃，微笑鼓励，一直相伴在他的身边，与他一起渐渐走出风雨。他说，妻子在他最绝望的时候一直微笑着鼓励他，他从这乐观中渐渐地找到了生活的希望。

微笑于亲人，是最贴心的关爱。生命的繁花总在达观的微笑里绽放，而凄凉与痛苦却在悲观的叹息中拉长。

静 / 思 / 小 / 语

　　微笑，一个简单的表情，却是女人最美丽的一种语言——微笑传递的温情，可以融化心灵的坚冰；微笑传递的宽容，可以拉近心与心之间的距离；微笑传递的关爱，可以驱散心灵的孤寂；微笑传递的信任，可以让人感受到你的真诚。微笑是对生活的一种态度，微笑的实质便是爱，懂得爱的人，一定不会是平庸的。

在安静中，不慌不忙地坚强

命运不是机遇，费尽心机地争取也许什么都不会得到。命运不过是一场随遇而安的旅行，常有风寒阴霾的苦砺，可是没有哪一种痛苦是单为谁准备的，人生最大的勇敢之一，就是经历伤痛之后，还能保持自信与坚强。

坚强，给予了生命翱翔的力量

总觉得在林徽因生活的那个时代，遭遇的伤痛要比现在多些。那时有不可阻挡的外力在破坏人们平静的生活。

1925 年，林徽因的父亲林长民在反奉战争中惨死。这突如其来的生死离别让林徽因悲痛欲绝，她被这噩耗所击倒。失去亲人的巨大悲伤，要用多少泪水去冲刷？死去的人已经完结了这一世的痛苦，可活着的人仍然要背负伤痛前行。

林长民曾在去世前写信给梁思成，满怀温情和担忧地嘱咐梁思成多关心女儿林徽因。

林徽因望着窗外笼罩的阴霾，想起父亲对自己的种种疼爱。虽是女孩，父亲却从未疏于对她的培养，正是父亲林长民的教诲，用他放眼世界的言行和思想，将一位自幼聪颖出众、美貌不群的少女，培养成一位优秀的古建筑学家。

只能默默地承受，不被伤痛击垮才是对逝去亲人的最好告慰。

林徽因准备担起长女的责任，年迈多病的母亲和几个幼小的弟弟都需要照顾，家里的经济状况已经无法维持她在美国的费用，她想回国或休学一年在美国打工……

浪漫天真的女孩一夜间长大了。

幸运的是，她的准公公梁启超对林徽因多了一份舐犊之情，他帮助林徽因照顾在国内的亲人，并帮助她解决在美国的读书费用。

可是，林徽因知道，以后的路，不再有父亲的庇护，只能靠自己坚强地走下去。

失去亲人的苦痛也许自人类拥有意识之后就一直存在，任科学如何发展、技术如何先进都不能丝毫减轻痛苦的程度。失去亲人后，林徽因常常在深夜思念流泪，在这样的安静中，学着独自面对。也许，就是从那天开始，她才发现，没有什么痛苦是不能面对的。

所以，林徽因在文章中写道：我们要在安静中，不慌不忙地坚强。安静是一种状态，要的是君子厚积而薄发，要默默地接受蜕变，也许我们高飞的翅膀还稚嫩，那么我们就去收集力量吧。当我们有一天强大的时候，就可以不被痛苦击倒。就像蒙古包蚊帐，看起来虽小，但是，撑起来，却是可以包容无比。

她瘦弱的身躯隐藏着巨大的能量，她毅然地接受了生的苦难。

在林徽因晚年，她的肺病已到晚期，每天被疾病折磨得痛苦万分的时候，她总是让身边的小护士唱支歌给她听，同仁医院的医生和护士们都知道，这位病人是著名的建筑学家和诗人，她是个很坚强的人，对医生的每一次治疗，无论多痛苦，都配合得很好。

你若不勇敢，谁替你坚强

林徽因从未歇斯底里，并非是因为她的人生都是坦途没有挫折，只不过，睿智的她懂得自己在安静中找回力量。

所以，那一场轰轰烈烈的爱情结束时，她一脸平静。

平静不代表不曾经历痛苦的挣扎。

年轻诗人的浪漫诗情曾叩开过她的心扉，她怎能忘记两人一同讨论济慈、雪莱、拜伦和狄更斯时灵魂碰撞的美好瞬间？

诗人为她写道：

——如果有一天我获得了你的爱，那么我飘零的生命就有了归宿，只有爱才可以让我匆匆行进的脚步停下，让我在你的身边停留一小会儿吧，你知道忧伤正像锯子锯着我的灵魂……

如果不曾爱过，就不会有那封写给徐志摩的信，知情人回忆内容大概是这样："你若真的能够爱我，就不能给我一个尴尬的位置，你必须在我和张幼仪之间做出选择……"

不久，她决定从耀眼而又短暂的梦中醒来。徐志摩已有妻儿，哪怕自己要忍受失爱的痛苦，也不能为了爱情换一身致命伤。

很少能有女孩像她，在一段热烈的感情中，懂得全身而退。

人们从她的脸上好像没有看到太多的哀伤，所以，好事者揣测，也许，她并未投入感情。

其实，这平静来自于内心的坚强，自己已经做出选择，就要勇敢承担，不需要将软弱的一面给别人看。

做林徽因 一样的女人

□ 人一生中难免会遇到挫折，勇于面对才能不被击垮。林徽因正是
用坚强的信念才照亮了自己前进的道路。

1931 年，徐志摩从南京赶回北京听林徽因的演讲，乘坐飞机不幸遇难。林徽因将徐志摩遇难飞机的一块残骸长久地挂在卧室内。这是对老朋友的怀念，其实在心底，这更是对曾经美好岁月的祭奠。

女人在爱情的抉择中，有幸福的可能，也有不幸福的风险。在受伤时，你若不勇敢，没人替你坚强。

用坚强使生命完美

1965 年，在越战中美国一部分海军被俘，在河内希尔顿战俘营里关押着一名海军上将，这是被俘的最高级别将领。

海军上将同其他战俘一样，经历了严刑拷打。非人的待遇让他曾一度绝望，可是对家人的思念和对自由的向往还是让他在监狱中苦熬了 8 年。8 年后，他重返家园，终获自由。

管理学家吉姆听说了上将的事迹后，问："8 年时间你有很多同伴不幸遇难，为何你能熬过来？"

上将想了想，说："我一直渴望活着出去见到家人，这个愿望一直支撑着我。"

可是那些死去的人，应该也渴望见到亲人吧？吉姆不解地问："那你同伴中最先死去的是哪些人呢？"

上将遗憾地答道："是那些过于乐观的人，他们总盼望圣诞节就可以被特赦，可是节日过后没能如愿，于是又想复活节可以，结果还没被释放……这样失望一次接着一次，不久后便郁郁而终。"

过于乐观的人被一次次的失望折磨得万念俱灰，最终放弃了最初的希望。

吉姆继续追问上将在监狱发生的事，因为他始终感觉，上将的生还绝不是偶然。

于是，上将讲起发生在监狱中的事。

在关押期间，他们被关禁在不同的牢房，因为彼此看不到，他们又希望能够通过交流减轻痛苦，于是他们发明了一种秘密传递信息的方式，约定相互敲墙，以敲击的节奏来代替英文字母。

开始时，大家都用敲墙来鼓励对方，节奏也严格按照约定的来。可是日复一日的等待，让一些人开始没了耐心，尤其是节日的时候，人们的焦虑便表现在敲打的节奏上，越来越多的人烦躁地敲着，监狱里喧闹不堪，在这之后，死去的人也逐渐增多……

"有节奏地敲墙，其实是大家表达活着出去愿望的方式；敲墙节奏如果杂乱无章，则将适得其反。"最后，上将语重心长地说，"这是非常深刻的教训。一个人不能对未来失去信心，但也不要盲目乐观，现实世界永远要比我们想象得更复杂、更残酷。"

所以，让我们在安静中，不慌不忙地坚强！

静/思/小/语

人生最大的勇敢之一，就是经历伤痛之后，还能保持自信与坚强。安静是一种状态，要的是君子厚积而薄发，要默默地接受蜕变，也许我们高飞的翅膀还稚嫩，那么我们就积蓄力量。在安静中，学着独立，学着面对。也许，就是从那天开始，就发现，没有痛苦是不能面对的。

可以强大，却不能强势

因为内心的强大，她在爱情中没有迷失方向，她敢于在一个只属于男人的领域里描绘自己的雄心壮志。她坚韧的眼神在黑白分明中透露出隐隐的锋芒。

在令人嘱目的优秀的光芒中，她作为女人的柔情从未黯淡，她从不强势地咄咄逼人，她是温柔的，却也是有韧性的，她淡定、优雅和从容。

不为流言蜚语所困惑

18 岁的她在毅然决然地拒绝了徐志摩的追求后，同父亲回到国内，开始了自己全新的生活。大家以为两个人会从此形同陌路，老死不相往来。如果有一丝接触，恐怕都会被世俗判定为藕断丝连。毕竟，分手后还能做朋友在那个时代还不能被大多数人所接受。

1924 年四五月间，泰戈尔刚获得诺贝尔文学奖不久，北京讲学社有幸请到泰戈尔来北京讲演。这对于众多文人来说不啻为一场精神的饕餮盛宴。

北京讲学社的主持者是梁启超、林长民等，由于徐志摩的外语和文学素养较高，他担任泰戈尔的翻译。

已在中西方文学中浸染多年的林徽因自然不想错过与泰戈尔对话的机会。

于是她并未理会由此产生的一些流言蜚语。泰戈尔在日坛草坪

做林徽因 一样的女人

讲演，林徽因搀扶其上台，徐志摩担任翻译。文载："林小姐人艳如花，和老诗人挟臂而行，加上长袍白面、郊荒岛瘦的徐志摩，犹如苍松竹梅的一幅三友图。"

1924年5月8日泰戈尔64岁寿辰那天，林徽因、徐志摩等在东单三条协和小礼堂演出泰翁诗剧《齐德拉》，林徽因饰公主齐德拉，徐志摩饰爱神玛达那。

众人在赞美林徽因的优秀表演的同时，也暗暗唏嘘她怎么不知避嫌，和徐志摩对演如此暧昧的角色。

接演之前，林徽因或许早就料到会有这样的议论。

而她与众不同之处就在于，她拥有当时大多数女子未有的强大的内心。既然心无芥蒂为何还要躲躲闪闪？演出并不是生活，懂艺术的人自然能够分辨，不懂的人的议论又何须理会！

第二天《晨报》报道演出盛况空前，"林女士态度音吐，并极佳妙"。林徽因在国内上流文化社交圈开始崭露头角。

她面对质疑的从容是她内心强大的表现，也是她之后所取的成就的心理基础。

这就是内心真正强大独立的女性，她目光始终朝向高远唯美的外在世界，根本不被小女人内心的弯弯绕绕所羁绊，她的追求也远超出那些心胸狭隘、庸俗之人的理解范畴。

外界有太多的诱惑、太多的挫折，如果不能心无旁骛，不能固守着内心那份坚定，女人注定要遍体鳞伤。

20世纪二三十年代的女星阮玲玉在她事业最巅峰时香消玉殒，留下一纸"人言可畏"的遗书。

她爱的两个男人，一个把她当作摇钱树，一个把她当作专属品，

□ 1924 年，印度大诗人泰戈尔（中）
访华，林徽因（左）与徐志摩（右）
共同担任他的翻译。林徽因的智慧
与美丽让泰戈尔赞不绝口。

而她总是想处处息事宁人却遭到百般纠缠，想寻求庇护却又遇人不
淑将自己推进深渊。

她从未在内心构造起坚固的堡垒和一片不允许别人肆意践踏的
领地。否则，她就可以在旋涡中，在各种错综复杂的关系中，权衡利弊，
迅速而准确地做出判断，保护好自己。

不做强势的女人

林徽因有强大的内心，但是绝不意味着她强势。

一个女人让人感觉强势是因为，她每天都颐指气使，不顾他人
的感受，她有自己的目标，或者叫野心，为了达到自己的目的争强
好胜，从不考虑别人的感受。

有人说，强势的女人通常因为没有得到应有的保护与关爱，所

做林徽因 一样的女人

以她们不得不同这个世界一战到底。

　　而林徽因，这个得到充分的爱与安全感的女人，她不需要以备战的姿态，与这个世界对峙。她有太多的守护者，她的安全感来自于强大的内心，她从不对人颐指气使，她的行为都尽力地考虑到别人的感受。

　　在沈从文经济窘迫时，她的帮助都要顾忌沈从文的面子，偷偷地把钱夹在从他借来的书中，让这个有些内向的年轻人不至于尴尬。

　　同乡的林洙没有钱筹办婚礼，她把自己的钱说成是营造学社的钱拿出来帮助林洙，事后考虑到林洙的经济情况，怎么都不肯接受其还钱。

　　她对丈夫也懂得赞美，当她收到梁思成在宾大时给她做的一面仿古铜镜时，林徽因不由地赞叹梁思成的绝妙手艺："这件假古董简直可以乱真啦！"梁思成听到这样的赞美觉得几天的辛苦真是没有白费。他们新婚的蜜月之行在欧洲的很多城市，留下了很多欢声笑语。

　　林徽因内心强大，又不强势，是因为她时刻把别人放在心上。她才会变得感性而柔软。

　　应该像林徽因一样，做一个强大却不强势的女人。

　　不强大往往要任由命运的摆布不能做自己生活的主人，自然很难获得幸福。太强势的人往往让人敬而远之，暂时得到了自己想要的，却失去一些美好的东西。

　　当一个女人太强势，处处在家里颐指气使的时候，她的另一半不管是俯首称臣还是揭竿而起都预示着这一段婚姻岌岌可危。

　　即使天性柔弱的男人在面对强势的女人时会选择妥协，但男人毕竟也有自己的脾气，只不过反抗的方式不同而已，你越管他他越

不服，你越让他听话他越想叛逆，你越限制他他越想逃离。

所以，在工作中做得来"铁娘子"，回家也要做得来"小娘子"。

做内心强大却不强势的女人，努力地充盈自己的才华，相信自己可以从容、漂亮地走完自己的人生。别具魅力的优雅和令人叹服的气质，是时间的沉淀历久弥香，也是自己内心的修养。不要咄咄逼人争抢着去充当万众瞩目的太阳，其实，月亮的光芒一样照彻大地。

守住生命的绿意

林徽因的同乡，也是梁思成第二任妻子的林洙这样回忆：

> 即使到现在我仍认为，她是我一生中见过的最美、最有风度的女子。她的一举一动、一言一语都充满了美感、充满了生命力、充满了热情。她是语言艺术的大师，我不能想象她那瘦小的身躯怎么能迸发出那么强的光和热；她的眼睛里又怎么能同时蕴藏着智慧、诙谐、调皮、关心。真的，怎能包含那么多内容。当你和她接触时，实体的林徽因便消失了，感受到的是她带给你的美和强大的生命力。她是那么吸引我，我几乎像恋人似的对她着迷。

的确，她有极强的承受力，是一个内心无比强大的女人。

16岁时，她就敢于选择只属于男人领域的建筑系作为自己终生奋斗的事业；18岁时，就能够果断地结束了一段刻骨铭心却不被祝福的爱情，并坦然地与其构建友谊；在自己的文化沙龙中，她未必是学识最渊博的，却成为北京当时众多文化名人某种程度上的精神

领袖……

　　她内心的强大让她在生活中处之泰然，宠辱不惊，踏踏实实地实践自己的理想。

　　流言不曾对她构成阻碍，病痛困顿也没能阻止她前进的步伐。

　　在李庄卧病6年，她也没有停止工作。在很多建筑著作中，浸满了林徽因的汗水，每天轰炸机在头顶隆隆而过，衣食短缺、整夜咳嗽，忍着丧亲丧友的悲痛，不知天命几何，她还是学着、写着，同孩子一同坚强地生活着。

　　不管何时她的心总想去守住春天，守住一片绿意。

　　直到她生命垂危时，她写信给远在大洋彼岸的朋友费慰梅时，语气还充满对自己的调侃，她说：

　　　　我还是告诉你们我为什么来住院吧。别紧张。我是来这里做一次大修。只是把各处零件补一补，用我们建筑业的行话来说，就是堵住几处屋漏或者安上几扇纱窗。昨天傍晚，一大队实习医生、年轻的护士住在院里，过来和我一起检查了我的病历，

就像检阅两次大战的历史似的。我们起草了各种计划（就像费正清时常做的那样），并就我的眼睛、牙齿、双肺、双肾、食谱、娱乐或哲学，建立了各种小组。事无巨细，包罗无遗，所以就得出了和所有关于当今世界形势的重大会议一样多的结论。同时，检查哪些部位以及什么部位有问题的大量工作已经开始，一切现代技术手段都要用上。如果结核现在还不合作，它早晚是应该合作的。这就是事物的本来逻辑。

屏弱的身躯面对残酷的疼痛无可奈何，却还苦中作乐，这样的强大让人敬佩的同时，也让人心生怜惜。

她的强大从不会是那种令人望而生畏的回避，在丈夫面前，她却常常展现温柔，让丈夫心甘情愿地在旁边守候，如星辰般衬托她的光芒。

静/思/小/语

女人要活得幸福，坚强而不强势是第一要素。不管你的外表多么柔弱、多么小鸟依人，有一颗坚强的心，女人才会活得精彩。做内心强大却不强势的女人，努力地充盈自己的才华，这样才可以从容、漂亮地走完自己的人生。

做林徽因 一样的女人

第三章

人生乐在相知，有情不必终老

——有你是最好的时光

踏着凝露的月色回首，那些或深或浅的记忆、初见时的美丽、再见时的悸动，随风飘扬着，然后慢慢地沉淀，成为生命空白里的留笔。

每个女人的心中都曾泛起过层层涟漪，女人在恋爱中不仅要收获风花雪月、甜蜜浪漫，更重要的是，知道怎样才能获得真正的幸福。

寻梦，康桥

再／别／康／桥

——徐志摩

轻轻的我走了，

正如我轻轻的来；

我轻轻的招手，

作别西天的云彩。

那河畔的金柳，

是夕阳中的新娘；

波光里的艳影，

在我的心头荡漾。

做林徽因一样的女人

软泥上的青荇，
油油的在水底招摇；
在康河的柔波里，
我甘心做一条水草！

那榆荫下的一潭，
不是清泉，
是天上虹；
揉碎在浮藻间，
沉淀着彩虹似的梦。

寻梦？撑一支长篙，
向青草更青处漫溯；
满载一船星辉，
在星辉斑斓里放歌。

但我不能放歌，
悄悄是别离的笙箫；
夏虫也为我沉默，
沉默是今晚的康桥！

悄悄的我走了，

正如我悄悄的来；

我挥一挥衣袖，

不带走一片云彩。

1928年7月底的一天，他步履轻轻，熟悉的康桥在默默等待他，他掬起一捧清水，看见的是自己坚定而明亮的双眼，正是康河的水，开启了他的心灵，唤醒了久蛰在他心中的诗人的天命，康桥，曾给了他一段美丽的相逢。一幕幕过去的生活图景，又重新在他的眼前展现。

他记得那次是在拜访老朋友时，叩开房门看见的竟是一张精致清素的少女的脸庞，朋友不在，开门的是他的女儿。彼此眼眸的交换，她的典雅纯美从此便挥之不去。

也许是这阴霾的雨雾之都太过清冷，也许是他乡遇故知难得的亲切，他竟一瞬间心生温暖。

他开始频繁地拜访这位老朋友，下午茶时间，他常常不请自到。他当然是醉翁之意不在酒，他想见一见那个能在异乡让他感觉温暖的女孩。经过一次次的交谈，他们渐渐变得熟络，她不再拘谨，她的聪慧和优雅，比初识时美丽的容颜更让他惊艳，他渐渐地在这爱中开始沦陷。那一个个因思慕而失眠的夜晚，他在康桥旁徘徊又徘徊，康桥是让人窒息的沉默，他不知道这爱能否得到回应，他差一点跌进夜色的柔波。

他是诗人徐志摩。

徐志摩出生于浙江海宁的一个富裕家庭，是富商徐申如唯一的

□ 徐志摩出生地——
浙江海宁硖石镇。

儿子，但他并非是一个花天酒地、游手好闲的公子哥。他的聪明在他的中学同窗、素来狂傲自负的郁达夫那里得到印证："尤其使我惊异的，是那个头大尾巴小、戴着金边金丝眼镜的顽皮小孩，平时那样的不用功，那样的爱看小说——他平时拿在手里的总是一卷有光纸上印着石印细字的小本子——而考起来或作起文来却总是分数得的最多的一个。"

他在求学之路上也不曾懈怠。他曾到天津的北洋大学（即天津大学）的预科攻读法科。第二年，北洋大学法科并入北京大学，徐志摩也随着转入北大就读。在北方上大学的两年里，他的生活增添了新的内容，他的思想注入了新的因素。在这高等学府里，他不仅钻研法学，而且攻读日文、法文及政治学，并涉猎中外文学。

后来他到美国麻省的克拉克大学读历史，在哥伦比亚大学读经济。为了追随偶像罗素，远渡重洋去到伦敦，不想罗素已经离开。

虽然他在国内已有妻儿，可是却未经历过真正的恋爱，他的婚姻属旧式包办，结婚前，甚至和妻子素未谋面，更不用说有何感情基础。妻子张幼仪虽端庄贤惠，但他们之间没有爱情。徐志摩对她

甚至有些冷漠。他诗人般的浪漫和激情一直无法找到释放的对象。

直到他遇见林徽因。

爱，让女人在最美的年纪绽放

一生至少该有一次，为了某个人而忘了自己，不求有结果，不求同行，不求曾经拥有，甚至不求你爱我，只求在我最美的年华里，遇见你。

女人如花，青春应该是最短命的红颜。

从花季雨季到而立之年，不过是几年芳华，所以要努力绽放，优雅凋零。

少女的情怀中有太多关于美好爱情的浪漫想象，她渴望在红尘的陌上等一份未知的邂逅，也曾祈求美好圆满，成就一份旷世绝恋。但，不是所有的相遇，都能有所得。在最美的年华里，曾经爱过、恨过、痴过、傻过，纵使曾年少轻狂，却也无悔青春一场梦一场。

舒婷曾说："与其在悬崖上展览千年，不如在爱人的肩头痛哭一晚。"

连那个决绝孤傲的才女，都恐怕韶光辜负了岁月，在最美的时光里，甘愿为了爱情，如飞蛾般去扑向那未知的灯火。

也许那个人在世人的眼中有些许不堪，但是他是如此懂得自己，懂得自己虽出身宝贵之家却没有童年的快乐，懂得自己怨怼这个世界的根源，懂得她掩盖在委屈压抑之下脆弱的灵魂。

胡兰成曾对张爱玲性格中的倔强做了透彻的分析，她的高傲和谦逊其实都化作了文字里人物的坚韧和令人宽容，也只有他能望见张爱玲文字中的人物在委屈泪水之中开出的柔和之花。

胡兰成曾说："张爱玲先生的散文与小说，如果拿颜色来比方，则其明亮的一面是银紫色的，其阴暗的一面是月下的青灰色。"他精练地说出了张爱玲文字的雅致高贵和对命运不可知的彷徨。于是，这个孤傲的女子终于肯不顾一切地卸除了锐气，绽放出温柔，不在意他已有妻室，不在意他为人不齿的叛国行径。

和胡兰成在一起的那段日子，想必是张爱玲最幸福的时光。

她轻轻慨叹："于千万人之中，遇见你所要遇见的人，于千万年之中，时间的无涯荒野里。没有早一步，没有晚一步，刚巧赶上了，唯有轻轻问一声：哦，原来你也在这里吗？"

在如此繁华的喧闹中，有一个人终于能够听到自己心底最真实的呐喊，这样的感动和温暖让她不想走出来。

她的生命之美因此大张其翼。即使最后摔得惨烈，她应该不曾后悔那段相爱的日子吧。如果没有遇见对方，自己只能独自在黑暗中摸索前行。

真正的爱应是"你快乐所以我快乐"，只要对方的心灵能有一个宁静、幸福的所有，宁愿远远观望，也不去打破这一份静谧。

你我相逢在黑夜的海上

徐志摩俊逸潇洒，蔡元培曾这样评价他："谈话是诗，举动是诗，毕生行经都是诗，诗的意境渗透了，随遇自有乐土。"

他有火一样的热情和激情，如他自己说的："我是个好动的人，每回我身体行动的时候，我的思想也仿佛就跟着跳荡。"

当他于茫茫人海中找到他的灵魂伴侣，他开始热烈地追求。

这诗意的康桥，笼罩的细雨若有若无地飘散，让一颗少女悸动的心开始变得清澈而柔软。

于康桥的柳荫下，他打开她的眼界，并唤起她对美和理想的向往。漫步于康桥河畔，让那诗意浸染清晨露珠。在康桥涟起的柔波里，撑起一竿竹篙，于漫天星辉中共寻方向，尽情地抒写着生命的诗意与春天。诗人飘零的生命就有了归宿。

而花季少女的心中自然泛起点点爱的微光。

在康桥，诗人深深感到"大自然的优美，宁静，调谐在这星光与波光的默契中不期然的淹入了你的性灵"。

他眼中的大自然是纯洁的、美好的，只有接近自然，才能恢复人类童真的天性，社会的病象就有缓和的希望。

诗人澎湃的激情和对人类童真天性的追求，让她感到灵魂从未如此丰盈，对生命意义的追求让她远离故乡的淡淡哀愁和此前难以排遣的孤单和寂寞渐渐消散。

少女情怀总是诗。诗人的每次灵感乍现，都让他的生命亦呈现出最柔曼的质感。于是这儒雅多情的男子满足了她对诗意生活的幻想，在阴冷潮湿的雨雾迷城中，刚刚接触世界的林徽因迷失了。

她经历着从未有过的情感体验——喜悦和羞涩，不安和慌乱。

也许从那天起在她的心灵深处花开满地，缕缕幽香，弥漫心间。

于是，林徽因这朵清丽出水的莲，在浓烈的爱的春风吹拂之下，微微绽放。

在最美的年华，她有幸遇到一个浪漫的人，虽不能携手共赴红尘，她却在爱的滋养下华美绽放。在潮湿阴郁的异乡，少女的寂寞无处排遣，她渴望被注视、被聆听，她希望有一个人"同我同坐在楼上炉边给我讲故事，最要紧的还是有个人要来爱我"。

徐志摩恰好出现了。

少女如诗的情怀终究没有无声无息地泯灭。那一段时光，他们互为彼此的梦，亦互为彼此的诗。从此成为林徽因一生之中最为美好的记忆和诗篇。

生命有时是无奈的，生活有时又是残酷的。当你觉得生命像一潭死水，寂静得没有一圈涟漪泛起时，你会心慌；当你觉得生活如一棵枯树，风干得寻不到一点生命的迹象时，你会心悸，你怕被生命遗忘，你怕被生活吞噬，但是，因为有了他的存在，你的生命多了条雨后的彩虹，你的生活有了满目的苍翠。

握了对方的手，相伴走了那么一段，虽然又各奔前程，未能修得白首同心，但曾因为一个人，让你所有的欢喜和落寞都源于他的一个眼神，即便挽不住年华，也留下一季的温暖。

在最美的年纪遇见你，才算不辜负自己。

爱情是一种浪漫的体验。这种体验使任何事物在恋爱者的眼中，都是一种美好。那些真爱过的情，拥抱过的人，迷恋过的歌，都只是幸福的一个站点。

当那一处风景成为过去，成为记忆，你忘或不忘，念或不念，它都成就着现在的自己。记忆里的美好随之流逝，回首，也能淡淡一笑，都只是曾经。毕竟曾紧握你的手，走过那段最美的时光。

深/夜/里/听/到/乐/声

——林徽因

这一定又是你的手指，
轻弹着，
在这深夜，稠密的悲思。

我不禁颊边泛上了红，
静听着，
这深夜里弦子的生动。

一声听从我心底穿过，
忒凄凉
我懂得，但我怎能应和？

生命早描定她的式样，
太薄弱
是人们的美丽的想象。

除非在梦里有这么一天，
你和我
同来攀动那根希望的弦。

多年以后，林徽因写下如此唯美的诗篇。这乐声是一种感召，也是一种意念，有一种难以言状的爱的记忆。即使情深缘浅，只能是无奈地擦肩，但幻化于梦中的美丽，终将成为一个最美好的回忆。

"世间最珍贵的是'得不到'和'已失去'。"有人在岁月的渡口看一场花事盛衰，才懂得爱情的真谛。

爱情其实就是一种美丽的期待，期待有个人可以牵着你的手一起走过漫漫未来；爱情也是一种充实的心情，它能让你感到生活的意义。

静／思／小／语

女人如花，芬芳不过几季，不如尽情绽放，优雅凋谢。在最美的年纪经历一段最美的爱情，即便最终不能共赴此生，也好过兜兜转转孤身一人在繁华中浮沉。你要相信，那些真爱过的情、拥抱过的人、迷恋过的歌，都只是幸福的一个站点。心存善念，你会等到你要的幸福。

宁愿此爱，淡如绿茶

夜，细雨微蒙，剑桥仿佛少女湿漉漉的眼睛，温柔多情，教堂里飘出悠远而苍凉晚祷的钟声，她手捧阵阵飘香的清茗，手心的温暖让她感觉夜不再冰冷。清脆的叶子在水中翻腾、沉底，淡淡绿茶的清香扑鼻而来。就是在这爱做梦的年纪，冷静下来的她，感觉到这份浓烈的爱已经成了负担。能够在这最美的年纪遇见过这样美好的爱情，已经足够。

甜蜜的负担

徐志摩对林徽因的狂热追求已经众人皆知，在初见林徽因后，徐志摩不但频繁地拜访林徽因的父亲林长民，更是写下一封又一封热烈的情书。

越来越浓烈的热情让这个十六七岁的少女不堪重负。

她知道，这样下去，自己会成为引爆徐志摩婚姻的导火索，她也会被这爱灼伤。于是，她求助父亲来守住这条情感防线。所以就有了林长民给徐志摩的这一封信：

志摩足下：长函敬悉，足下用情之烈，令人感悚，徽亦惶恐不知何以为答，并无丝豪（毫）mockery（嘲笑），想足下误（误）解耳。星期日（十二月三日）午饭，盼君来谈，并约博生夫妇。友谊长葆，此意幸亮察。敬颂文安。

弟长民顿首，十二月一日。徽音附候。

做林徽因 一样的女人

□ 徐志摩（右一）、林徽因与泰戈尔等合影。可能林徽因有过短暂的挣扎矛盾，但她最终还是选择了远离感情是非。

信中指出，徐志摩用情太浓烈，甚至于让林徽因感到害怕，自然希望他有所收敛，以友情的名义拒绝了他的追求。

徐志摩读后，自然是有些失落。但碍于林长民的情面，表面上，确实有所收敛。

可是澎湃在心中的热情却从未退去。

他甚至为了得到真正的爱情，甘愿冒天下之大不韪，决然要与有孕在身的张幼仪离婚。

他原本就对媒妁之言这种旧式包办婚姻有着不屑一顾的轻视，现在有了追寻真爱的可能，他急于摆脱这无爱婚姻的枷锁。

就算是他亲生的骨肉在他的内心也没有泛起一丝怜悯，他很冷漠地要求张幼仪打掉，张幼仪说："我听说有人因为打胎死掉的。"徐志摩冷冰冰地说："还有人因为坐火车死掉的呢，难道你看到人家不坐火车了吗？"

永远不缺乏激情的徐志摩，却在自己的浪漫情怀之外冷淡如冰。孩子虽然没有打掉，但婴儿刚一出生，他即逼迫妻子签署了离婚协议。徐志摩毫无怜惜地抽身离去。

这时的林徽因已不告而别，跟随父亲回国。从此，开始背他而行。

一年后徐志摩也回到北京，他的追求还未停止，哪怕林徽因已经与梁思成公开了恋爱关系。

虽然梁思成没有徐志摩那么浪漫和温柔，但是他却能给林徽因更为踏实的感觉。由于年纪相仿，他们的相处颇为轻松，他们时常去松坡图书馆读书，林徽因渐渐没有了那种混合着负罪感和忧愁的沉重。

她更加坚定了自己的选择。

能陪她走完一生的人，是这个踏实稳重又风度翩翩的青年。

不要被太浓烈的爱灼伤

徐志摩其实不懂林徽因。他企图以自己的全部热情去融化她不再靠拢的心，可是，林徽因并非一般平凡女子那般容易在热情中沉沦，反而，会躲得更远。

一年后的北京，林徽因已经找到自己的真命天子，徐志摩还是苦苦追求，他常去林徽因和梁思成出入的图书馆，梁思成不得不贴

一张字条在门上：情人不愿受干扰。

后来，泰戈尔来到中国讲学，徐志摩终于找到能够和林徽因频繁接触的机会，他满心欢喜地认为曙光再次出现，泰戈尔的到来最终也没能促成这段爱情。他特意为两人赋诗："天空的蔚蓝，爱上了大地的碧绿，他们之间的微风叹了声'哎'！"

徐志摩感伤地写道：我真不知道我要说的是什么话，我已经好几次提起笔来想写，但是每次总是写不成篇。这两日我的头脑只是昏沉沉的，开着眼闭着眼都只见大前晚模糊的凄清的月色，照着我们不愿意的车辆，迟迟地向荒野里退缩。离别！怎么的能叫人相信？我想着了就要发疯，这么多的丝，谁能割得断？我的眼前又黑了！

林徽因不再回应这浓烈的爱，她还是那样平静地过着自己的生活。

很多年后，傅雷写给傅聪的信中说：太阳太炙烈，会把五谷晒焦；河水太猛烈，会淹死庄稼。爱得太炙烈定会伤了彼此吧。

这也是当时林徽因心中所想。她没敢尝试。但是这样的真理，在世纪的轮回中不断被证实。

爱太浓烈，那炙热的温度正如曼陀罗，这种花开之时亦是凄美之始。

不是每个人都在经历过婚姻的失败、梦想破灭后，能够成功地慢慢转向自省，找到自己内在的创造力，活出自己的价值。所以，还是在选择前多一点点的冷静。

平淡的爱才隽永

每个人都希望此生能够轰轰烈烈地爱一回，的确，这好过兜兜转转孤身一人在繁华中浮沉。可是，一生很长，太过于浓烈的爱太难终老，你不想只依靠爱的余味走完一生，就要懂得在爱中转身。不要被爱的热度灼伤，你已经尝到了爱情的甜蜜，就踏踏实实地找个爱你的人走完一生。于是有首歌唱道：相爱没有那么容易，每个人有他的脾气，过了爱做梦的年纪，轰轰烈烈不如平静。

虽然这爱可能稍显平淡，可是它会给你喘息的空间，让你领略生命除了爱情之外的美好。

做一个像林徽因一样的女人，能够享受到爱情的美好，却也能在爱过分炙热时懂得转身离去。

正像法国剧作家尚福尔说的一样："爱情似乎并不追求真正的完美，甚至还害怕完美。它只因自己所想象的完美而欣喜，正像那些只能在自己的善行中发现伟大之处的国王一样。"

能爱得过于浓烈的人大多都是追求完美的人，可是没有人能够在日复一日的生活中不露破绽、毫无瑕疵。

狂热的追求者大都把所爱之人认作精神最高的追求，近似于偶像般仰慕，而偶像是只适合远观的，一旦生活在同一个屋檐下，所有琐碎的真相都会曝光。因此，在同居者的眼中既没有伟人，也没有美人。

所以那熊熊的爱火、烈烈的焰，让人神往却又让人害怕。

林徽因宁愿做诗人心中最纯美最神往的白莲。

徐志摩同陆小曼在一起后，他还对新恋人倾诉：我倒想起去年五月间那晚我离京向西时的情景：那时更凄怆些，简直的悲，我站在车尾巴上，大半个黄澄澄的月亮……但我那时虽则不曾失声，眼泪可是有的。怪不得我，你知道我那时怎样的心理，仿佛一个在俄国吃了大败仗往后退的拿破仑，天茫茫，地茫茫，叫我不掉眼泪怎么着？

痛苦是徐志摩一个人的。林徽因已经挥去了少女的悸动，她正享受着平静的生活中的很多乐趣。在梁思成踏踏实实的爱中，优雅地前行。

虽说爱情需要用心去等候和追求，然而生命也常常在这种固执地等待中悄然流逝了，人们却并不懂得，如何去珍惜现在拥有的；他们也不知道，自己已经得到的，其实就是最大的幸福、最真的爱情！

爱是琴瑟相鸣，心灵相通，真正完美的、能够长久地给人带来幸福的爱情，应该是两相情愿、两情相悦的，是爱情双方互相认同和吸引的，是双方共同努力营造的。

静/思/小/语

你懂得轰轰烈烈的爱珍贵，也要懂得细水长流的美好。时光，浓淡相宜；人心，远近相安。绚烂之后总要归于平淡，柔情蜜意之后总要归于嘘寒问暖。不要再倾其所有去融化一颗不再靠拢的心，太炽热的爱只会让人逃避。不如，让你的爱，淡如绿茶，清香隽永，幸福才永恒。

告别过去，踏着
今天赶赴明天

这世上很多东西不是我们努力就能把握的，比如匆匆流逝的时间、过于炙热的爱情，抑或是一颗已经不再为你悸动的心。就像手中的流沙，越是紧握，越是流走。

爱情也许慢慢地远离了你的生活，你眼睁睁地看着它逐渐模糊，却无能为力。不如，扬去这握不住的沙，告别过去，踏着今天赶赴明天。

一个转身的潇洒

1921 年 10 月 14 日，结束了一年多的欧洲游学，林徽因和父亲乘坐"波罗加"号邮轮从伦敦转道法国，踏上归国的旅程。既然已经选择了这样的方式躲避追求，林长民父女并未向徐志摩道别。徐志摩写下了《云游》这首诗。林徽因正如诗中所说，已经飞渡万重的山头，回到了大洋彼岸。而她的心，也决意去"更阔大的湖海投射影子"。

回国后，父亲林长民留在上海，林徽因则回到北京的教会女中继续上学。父亲的老朋友梁启超派人来接她，所以她又一次见到了梁启超的儿子梁思成。

3 年前两人曾有过一面之缘，当时的她还未脱稚气，经过一年多的异国生活，她的眼界得到了开阔，再加上和徐志摩的这一段感情纠葛，让她在脱俗的气质中多了一些大气，优雅的谈吐、敏捷的思维已经让她在众人中脱颖而出。

做林徽因一样的女人

云 / 游

——徐志摩

那天你翩翩的在空际云游，
自在，轻盈，你本不想停留
在天的那方或地的那角，
你的愉快是无拦阻的逍遥。
你更不经意在卑微的地面
有一流涧水，虽则你的明艳
在过路时点染了他的空灵，
使他惊醒，将你的倩影抱紧。

他抱紧的只是绵密的忧愁，
因为美不能在风光中静止；
他要，你已飞渡万重的山头，
去更阔大的湖海投射影子！
他在为你消瘦，那一流涧水
在无能的盼望，盼望你飞回！

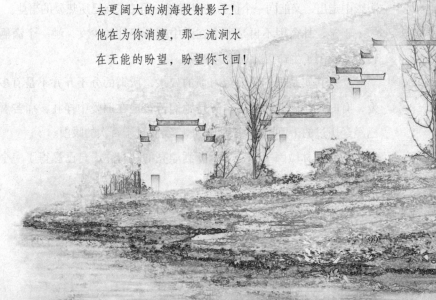

20岁的梁思成虽然没有徐志摩那样突出的才华，可是他是那种胸中真正有一个大海的男人。曾有一个形容他们二人性格很贴切的比喻："如果用梁思成和林徽因终生痴迷的古建筑来比喻他俩的组合，那么，梁思成就是坚实的基础和梁柱，是宏大的结构和支撑；而林徽因则是那灵动的飞檐、精致的雕刻、镂空的门窗和美丽的阑干。他们一个厚重坚实，一个轻盈灵动。他们的组合无可替代。"

　　林徽因又一次用慧眼发现了梁思成是个可以依靠的人。

　　梁思成已经被林徽因深深地吸引，就连未来的事业都受了林徽因的影响。当时梁思成在清华校园里又吹小号又吹笛，对未来还没有什么具体的规划，只是觉得应该像自己的父亲一样去学习西方政治。通过和林徽因的交往，他逐渐对建筑有了一些兴趣和了解，后来同林徽因一同选择了建筑业。

　　梁启超对林徽因也很是满意，对儿子说："徽因这孩子不错，爸爸早就支持你们交往，其他的，就要随缘分了。"

　　有了共同的奋斗方向，又得到父母的支持，林徽因心中暗暗决定，也许应该投入到一段新的感情中，这样既能从上一段纠结的爱情阴影中走出，又能同一个优秀的男青年一同追求自己所热爱的事业。

　　于是，林徽因不再是那个在爱中痛苦挣扎的少女，她一个潇洒转身，找到了生命更为广阔的空间。

　　女人其实是很容易成为习惯的奴隶，所谓的分不开并不是有多爱，有时只是因为习惯了。于是她们苦苦地在旧爱中挣扎，痛苦着已经经历过的千万遍的痛苦，流下已经流过千百次的眼泪。

　　不如像林徽因一样，一个潇洒漂亮的转身，为自己赢得了一个更幸福的机会。

做林徽因　一样的女人

□ 林徽因在山西榆次考察。在林徽因看来，徐志摩疯狂追求和爱上的只是文学世界中的自己，而非现实中的自己。人是需要感情，但终究是要生活的，一直轰轰烈烈的绝对不是生活，所以林徽因选择了做徐志摩的知己。

时间是世上最好的良药

在一年多的相处中，梁思成悉心照顾着林徽因，他们一同去公园游玩、去图书馆读书、参加一些学校的活动，梁思成的单纯和活力也带给她很多快乐，渐渐地把她从一个在苦闷中挣扎的女孩变成一个乐观开朗的新女性。

同徐志摩的一段剪不断理还乱的爱情纠葛中，她要背负太多本不应该在那个年纪的女孩背负的东西，于是越是善良才越会痛苦。

可是，当一切重新开始时，曾经的痛苦越来越模糊，时间是世上最好的良药。

曾经的年少轻狂，爱得火烫，会心甘情愿地等待，也会和情敌决一高下。可是有时爱像流沙，不论你摊开还是紧握，终究还是会从指缝中一粒一粒流干净。你终于肯放弃那令人心疼的执着，让时间和命运去改写性情，于是你走得越来越从容和智慧，变得坚韧不拔。

曾有一个被刻骨疼痛的爱情辜负过，花了很长时间才懂得破茧重生的朋友。

她那个心爱的男人已有家室，可她依然高调地去爱，义无反顾地付出，最后男方把全部责任推给她，转身奔回娇妻的巢中，留她一人面对舆论的指责。刻骨的疼痛，让她狼狈不堪。

她本是个笑容温婉的女人，从此之后，她变成了一个风范凌厉的角色。在很长的一段时间里，这刻骨疼痛的爱情辜负让她不再相信爱情，曾经的落荒而逃让她无法释怀。没有孤注一掷的信任，就不会对背叛如此地愤怒。

当时的她总是说无法离开这个深爱的男人，可是慢慢地，她发现，

离开那个曾深爱的男人，她还是可以
活得很好。

　　只是，这伤痛花去了她很多时间才磨
平。如果，她早一点放手，她不会浪费这么
多的时间去伤心，或许早已找到另一半。

　　其实，人做任何事都是有成本的，你选择了这个，
就要放弃其他。所以做人不要太过于执着，要懂得放弃。

挥别过去，为了更好的未来

　　一些伤痛让时间来冲淡，一些回忆让时间去磨平。

　　命运就如一叶颠簸于海上的舟，时刻会遭受波涛无情的袭击。
就像歌中所唱："我爱上让我奋不顾身的一个人 / 我以为这就是我
所追求的世界 / 然而横冲直撞被误解被骗 / 是否成人的世界背后 / 总
有残缺。"

　　好像女人，都是带着对爱情的美好期许，然后在成长里伤痕累累。

　　"万事如意"只不过是一句美好的祝福，人生不如意事常十之
八九才是现实的写照。如果总是对那伤心的昨天念念不忘，对过去的
不如意耿耿于怀，让忧伤占据心灵，会在浑然不觉中与今天失之交臂。

　　告别过去，我们必须学会自我保护和继续前行，生活应该向前看，
只有把自己从过去中解脱出来，你的脚下才有路。放下，是为了更
好地前行。

　　好与不好都走了，幸与不幸都过了。因为生命是如此短暂，一
不留神，我们便辜负了光阴。因此，我们应学会忘记。不要总把命

运加给我们的一点儿痛苦，在有限的生命里拿来反复咀嚼回味，那样将得不偿失。一味地缅怀和沉醉其中，使得宝贵的今天充满痛苦，只能使我们意志薄弱、一事无成。

本该结束，而你总是将结局一拖再拖，你不懂，在正确的时机谢幕，才是一切精彩演出的高潮。

林徽因把自己初恋的懵懂留给阴霾的伦敦，回到北京寻找自己下一个花开的春天。

将曾经的美好留于心底，将曾经的悲伤置于脑后，掩藏在最深的角落，让岁月的青苔覆盖，不见阳光，不经雨露，也许有一天伤口会随着时光淡去。别总抱怨忘记一个人好难，别总执着于你曾经为爱牺牲那么多，你越觉得自己手中的这张牌重要，也就越放不下它。

当我们渐渐忘记昨天给我们带来的阴影，坦然地面对今天的太阳，才能微笑地迎接明天的生活。

试着做一个勇敢的女人，把昨天的惨败变作明日的凯旋。

不管曾经的经历多么不堪，也不要让它成为未来的阻碍，你要眼光坚定，微笑着和过去说再见，让所有种种的不快乐，成就一个笑起来云淡风轻的自己。

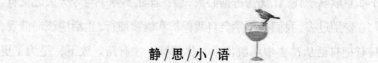

静 / 思 / 小 / 语

不管曾经经历过多少伤痛，时间都会为你抚平伤口，忘记昨天生活给我们带来的阴影，坦然地面对今天的太阳，才能微笑地迎接明天的生活。让昨天的惨败变作明日的凯旋。经历了凤凰涅槃，才能浴火重生。

做林徽因 一样的女人

爱的境界是从容，而非拼命

人生之情事，缘来缘去，有所乐必有所怨。太执着于恩恩怨怨就错过了人生其他的美好，学会苦乐随缘，用从容的心去感悟流年，不让沧桑蒙蔽清澈的眼眸，望向窗外，阳光依旧明媚。

爱得执着，却把真情变作绝情

爱情，没有一定的标准；你的蜜糖，可能是她的毒药。

芭蕾舞剧《简·爱》重新改编了原著，用无言的舞剧来表现人物内心的跌宕，又创造出了一个始终在阴暗中的角色：贝莎夫人，罗切斯特先生的原配妻子。在小说中，她是一个有家族疯癫史的可怜女人，远渡重洋被丈夫挪移到英伦豪宅，却只能被禁锢在顶楼，永不见天日。她放火烧掉丈夫的房间、简·爱的婚纱，却只留下火影。在芭蕾舞剧中，若隐若现的贝莎夫人站到了观众面前，和罗切斯特、简·爱共同谱写出一曲极富戏剧张力的爱恨悲歌。

贝莎夫人深爱着罗切斯特，她的疯狂是无奈而暴烈的宣泄，全身心付出了爱情，却惨遭噩运，燃尽其生命最终却被深深伤害。她因为纯粹的爱而致疯狂，两度纵火，既促成了简·爱和罗切斯特坠

入爱河，也导致了简·爱的出走和罗切斯特的失明。

还有古希腊神话里的美狄亚。

她是科奇斯岛会施法术的公主，也是太阳神阿波罗的后裔。她与来到岛上寻找金羊毛的伊阿宋王子一见钟情。

为了帮助伊阿宋取得金羊毛，让伊阿宋和她结婚，美狄亚用自己的法术帮助伊阿宋完成了自己父亲定下的不可能完成的任务。取得金羊毛后，美狄亚和伊阿宋一起踏上返回希腊的旅程。美狄亚的父亲听到她逃走的消息，派她的弟弟去追回她。美狄亚杀死了自己的弟弟，并将弟弟的尸体切开抛在路口，让父亲忙于收尸，以此拖延时间和伊阿宋一行人离开。伊阿宋回国后，美狄亚又用计杀死了篡夺王位的伊阿宋的叔叔，但因为已有法定的继承人，伊阿宋还是没能夺回自己的王位。

本以为这样就可以天长地久了，可她错了，在美狄亚为伊阿宋生下一双可爱的儿女后，伊阿宋却爱上了国王的女儿，他们就要结婚了。像晴天霹雳，击碎了美狄亚的爱，也激起了她的恨。她让孩子给新娘送去她特制的"美丽嫁衣"，新娘一穿上就着火烧死了，国王为救女儿也烧死了。剩下负心的伊阿宋回到自己的家时，正看见美狄亚亲手杀掉自己的一双可爱的儿女，绝望中，他伤心含泪乘车飞走。孩子是爱情的结晶，既然爱已不在了，也不能留孩子在世上受苦，这就是美狄亚的作风。留下负心的人，让他在世上独自悔恨吧，与其杀了他让自己痛快了，还不如让他受良心的折磨，这也是美狄亚的作风。

古希腊神话用惨烈的故事结局告诉那些为爱执着而奋不顾身的女性，爱情之火燃烧得越猛烈，最后连自己也会葬身于这熊熊火海之中。

做林徽因 一样的女人

偶 / 然

——徐志摩

我是天空里的一片云，
偶尔投影在你的波心——
你不必讶异，
更无须欢喜——
在转瞬间消灭了踪影。
你我相逢在黑夜的海上，
你有你的，我有我的，方向；
你记得也好，
最好你忘掉，
在这交会时互放的光亮！

徐志摩好像懂了，自己在一个错误的时间，用错误的方式去爱那个对的人。如果继续执着，连友情都不能赢得。于是，他努力让自己变得从容。

徐志摩在给恩师梁启超的书信中说："我将在茫茫人海中寻访我唯一之灵魂伴侣。得之；我幸。不得；我命。"一向执着的徐志摩在看到林徽因的心已经百牛莫挽，完完全全属于梁思成时，不得不写下这样的感叹。

人生聚散无常，人和人走着走着就成了隔岸。隔岸相望也没什么不好，对岸的你反倒成就彼岸的他远观最美的风景。

爱的从容，即使没有爱情还有真情。

徐志摩乘坐的飞机失事后，梁思成是亲赴现场参与善后事宜的少数几位朋友之一。他带回一块飞机残骸上烧焦的木片，林徽因将它和另一块为纪念抗日战争时期林徽因的胞弟林桓在四川对日空战中阵亡捡到的木块，悬挂在卧室正中央。这两块木块其实是生命的象征，这里有林徽因难以割舍的深情，她将它们整整悬挂了24年，直到她告别苍凉的人世。

不管林徽因对徐志摩的感情是友情还是爱情，至少，这是一份永远值得纪念的真情。

爱得执着，却把真情变作绝情。

没有束缚，才能爱得从容

在一段不被祝福的爱情里，很难能爱得从容。

林徽因不能忽视张幼仪的存在。

做林徽因 一样的女人

梁思成就曾说："不管徐志摩向林徽因求婚这段插曲造成过什么其他的困扰，但这些年徽因和她伤心透顶的母亲住在一起，使她想起离婚就恼火。在这起离婚事件中，一个失去爱情的妻子被抛弃，而她自己却要去代替她的位置。"

林徽因知道，即使冲破这样的束缚，她心里却无法跨越这个障碍。而且当时父亲对他们的感情也并不看好，她不是没有冲破这些障碍的勇气，只是这一路的跌跌撞撞也并不能换来一世的安稳。爱得越艰难，往往就把爱想得越神圣，就越想从爱中索取更多，就越没有办法爱得从容。

就像陆小曼和徐志摩。他们的婚姻有悖伦理道德，不被自己的亲人接受，不被世人所接受，他们被盲目热烈的爱冲昏头脑，听不进别人的劝告。

他的老师梁启超多次劝他婚事要慎重，在婚礼上，梁启超对自己的学生说："徐志摩，你这个人性情浮躁，所以在学问方面没有成就。你这个人用情不专，以致离婚再娶……你们两人都是过来人，离过婚又重新结婚，都是用情不专。以后痛自悔悟，重新做人！愿你们这次是最后一次结婚！"

梁启超第二天给儿子梁思成和媳妇林徽因的信中写道："徐志摩这个人其实很聪明，我爱他，不过这次看着他陷于灭顶，还想救他出来，我也有一番苦心，老朋友们对于他这番举动无不深恶痛绝，我想他若从此见摈于社会，固然自作自受，无可怨恨，但觉得这个人太可惜了，或者竟弄到自杀，我又看着他找得这样一个人做伴侣，怕他将来痛苦更无限，所以对于那个人当头一棍，盼望他能有觉悟（但恐很难），免得将来把徐志摩弄死，但恐不过是我极痴的婆心

□ 徐志摩与陆小曼合影。今时今日，有关徐志摩的一切爱和恨，围绕于他身边的众多形象，都被嵌进了"民国"这一相框，安放于各自的位置。

便了。"

梁启超用旁观者的冷静已经看出陆小曼其实和徐志摩并不合适，也以苦心相劝，可是在爱中已经迷茫的徐志摩并未采纳他的意见。后来，他们的婚姻一步步地陷入危机却正如智者所料。

他们千辛万苦地终于在一起，以为爱情就是婚姻的全部，之前的婚姻在他们眼中就是地狱，现在的婚姻应该就像天堂般美好。可是，希望越大失望就越大，曾经爱得越浓烈最后痛苦更无限。

而另一旁的林徽因，却始终从容地在爱中行走，她和梁思成的婚姻接受着所有人的祝福，加上以坚定的志向和共同的事业为基础，他们一边做学问，一边度过了独特的爱情生活。

只有被祝福的婚姻才可以卸下生命的重担，轻松前行。

而不被家人祝福、背负太多负罪感的婚姻会慢慢地将爱情蚕食殆尽。这就是为什么电影《廊桥遗梦》中的男女主角最终选择放弃对方。

女主角弗朗西斯卡，一个内心深处有着浪漫气息的女人，从一个意大利小城跟着退伍的丈夫移民到美国，在一个很美但保守的小

做林徽因❀一样的女人

镇过着平静但乏味的生活。一天，丈夫带孩子去参加评选地区最棒的牛的比赛，她独自留在家中四天。这时候，迷路的摄影家罗伯特在那个炎热的下午走进了弗朗西斯卡的生活，她主动领他去罗斯曼特桥。一天的"向导"做完之后，弗朗西斯卡的心中泛起了一种特别的滋味，她驱车前往罗斯曼特桥，将一张纸条订在了桥头。罗伯特发现了纸条并接受了弗朗西斯卡的邀请，两人不可避免地陷入了一场来之迅猛的爱恋。四天的相亲相爱，使他们融入了彼此的生命。但最终为了不伤害弗朗西斯卡的家庭，在爱情与责任的两难中，两人痛苦别离，从此再也没有见过面，但是他们两个又都无时不在思念着对方。

可以给人些许安慰的是，最后两人的骨灰都洒在了罗斯曼特桥——他们爱情的见证地。

爱人是最亲密的伴侣，他可以陪你笑，也可以陪你哭，快乐同分享，苦难共分担。因为有了爱情，人生才被装点得更加丰富多彩。

爱情可以不被世俗理解，但是婚姻必须要考虑双方要承担的责任。爱得从容，才能看透爱情的本质，才能避免不幸福的人生。

你开始从容，他才开始深陷

波伏娃说："男人要求女人奉献一切。当女人照此贡献一切并一生时，男人又会为不堪重荷而痛苦。"

男人在爱情中不要束缚，不要缠绕，不要占有，不要渴望从对方身上挖掘到意义，那是注定要落空的东西。他只是希望两个人并排站在一起，看看这个落寞的人间。

所以，女人要试着让自己爱得从容、爱得优雅。

佐野洋子有一篇《活了一百万次的猫》，对女人该如何去爱很有启发。

有一只活了一百万次的猫，它死过一百万次，也活过一百万次。它是一只有老虎斑纹、很气派的猫。有一百万个人疼爱过这只猫，也有一百万个人在这只猫死的时候，为它哭泣，但是，这只猫却从未掉过一滴眼泪。

它遇到过国王、水手、魔术师、小偷、婆婆、小女孩，他们对这只猫都视如至宝，在它死去的时候都是那么伤心。可是，猫对死一点也不在乎，它不喜欢这些人，这只猫丝毫不难过。

只有一只美丽的白猫，看都不看这只猫一眼，猫走到白猫身边，说："我可是死过一百万次的喔！"白猫只是"是吗"地应了一声，猫有点生气，因为，它是那么喜欢自己，第二天、第三天，猫都走到白猫那儿说："你连一次都还没活完，对不对？"白猫也还是"是吗"地应了一声。

这只猫所有的骄傲在白猫这儿都没有了，它最后用类似于乞求的语气得到白猫的首肯，它可以留在这里了。

后来，白猫生下了许多可爱的小猫，猫对它们已经胜过喜欢自己了。终于，小猫们长大了，一只只地离开了它们，白猫越来越像老太婆了，而猫也变得更加温柔了。有一天，白猫躺在猫的身边，安安静静地，一动不动了，猫第一次哭了，从早上哭到晚上，又从晚上哭到早上，整整哭了一百万次，一天又一天过去了。有一天中午，猫停止哭泣了，它躺在白猫的身边，安安静静地，一动不动了。猫再也没有活过来。

女人就应该像故事中的白猫，优雅从容地去爱，撕心裂肺、痛不欲生的事就交给男人去做。有时男人会像故事中的那只死了一百万次的猫一样，别人怎样爱他，他反而不为所动，自己却在付出中体会到了爱的伟大。

陷入爱河中的女人常常会失去自我，没有了往日的豁达大度，变得小肚鸡肠起来。她会为他的一个举动、一句话语，哪怕一个眼神而伤心不已。

像《红楼梦》中的林妹妹一样，会经常黯然神伤。对方一句不经意的话，她都会揣度，是否他不爱自己了，是否他爱得不够真诚。于是，她便伤心了、痛苦了，灰暗的心情侵袭全身，陷入自己编织的苦痛中流泪悲伤。然后和他吵架，和他冷战，令身心疲惫不堪。

爱得太紧张、爱得太霸道都会让人窒息，只有从容的爱才能细水长流。

静 / 思 / 小 / 语

爱情可以不被世俗理解，但是婚姻必须要考虑双方要承担的责任。爱得太紧张、爱得太霸道都会让人窒息，爱情之火燃烧得越猛烈，最后连自己也会葬身于这熊熊火海之中。只有从容、优雅的爱才能细水长流。

没有张爱玲痛彻心扉的凄
厉，也没有陆小曼义无反顾的
激情，林徽因始终从容坚定。
在爱情的路上她从不缺乏热烈
的追求者，虽摆脱不尽万丈红
尘中的三千痴缠，可是她却懂
得把这炽热的情和爱轻轻散落
于风中，自己于世间，优雅地爱，
优雅地被爱。

岁月彼岸的守候

曾有一个人，一辈子默默地站在离林徽因不远的地方，她的喜怒哀愁、她的尘世沧桑，他都紧紧相随于她的生命悲喜。

他终身未娶，并以最高的理智驾驭自己的感情，静静地守护着他爱的女子，这真情，天长地久，静水流深。

他是金岳霖，著名的哲学家、逻辑学家。

1931 年，金岳霖结识了在北平因病休养的林徽因。当时梁思成还在东北大学执教，徐志摩经常去探望林徽因，为了避嫌，就叫上国外留学时的好友金岳霖等人。

金岳霖开始被这个谈吐优雅、聪慧睿智的女子深深吸引。后来林徽因活跃在"太太的客厅"中，那里聚集着当时很多文化名人，真是谈笑多鸿儒，金岳霖也是一个。

在越来越频繁的接触之下，单身汉金岳霖索性搬到梁思成家的附近住下了，与他们住前后院，平时也就走得很勤。

金岳霖曾考入清华学堂，后又在美国哥伦比亚大学学习政治学，仅仅两年，他就获得了博士学位。后来这位政治学博士感兴趣于逻辑学，而且以此成就了毕生的事业。他是逻辑学奇才，不但学识渊博见解独特，而且还幽默风趣。

有一段时间，梁思成经常外出考察，林徽因正怀着身孕，情绪时常焦虑，金岳霖就耐心地劝解，他的幽默曾带给林徽因很多快乐。

当林徽因感觉出这份感情似乎超越了朋友间的界限时，她坦率地向丈夫倾诉，梁思成听到后自然痛苦至极，苦思一夜，告诉妻子，她是自由的，如果她选择金岳霖，祝他们永远幸福。林徽因又原原本本地把一切告诉了金岳霖。金岳霖的回答更是率直坦诚得令人惊异："看来思成是真正爱你的。我不能去伤害一个真正爱你的人。我应该退出。"

这场爱情的角逐，金岳霖选择退出。他们三个人冷静过后，又重新整理好了情绪。林徽因知道，自己既然没有放弃婚姻，就该始终如一地爱自己的丈夫。她经历了一次感情的小小风波，反而更加坚定对家庭的守护。

　　金岳霖也知道，自己的守护从此只能是默默的，才不会让林徽因感觉到压力、让梁思成感到反感和厌恶。而梁思成也给予了他们最大的信任。

　　他们在人生的选择中把仁爱和真诚放在了首位。

　　从此，金岳霖和梁家成了莫逆之交。

　　林徽因和梁思成有时候拌嘴吵架，闻声而来的金岳霖总能用自己的幽默轻松化解，他从不问青红皂白，而是大讲特讲生活与哲学的关系，却总能迅速让两口子"熄火"。

　　梁家困顿李庄时，金岳霖从昆明赶了过去，他早就听说林徽因的病很严重，可是当第一眼看到她时，金岳霖心酸得几乎要哽咽。林徽因瘦得已经没了精神，面色苍白毫无血色，之前那个风采奕奕的女主人几乎看不到踪影。

　　金岳霖心里知道，这是因为缺少营养，所以他想办法去解决最实际的生存问题。自己动手才能丰衣足食，第二天他跑到集市上买了十几只刚孵出的小鸡回来，他耐心地饲养着，等着它们下蛋。据梁从诚说，在李庄的时候，"金爸在的时候老是坐在屋里写呀写的。不写的时候就在院子里用玉米喂他的一大群鸡。有一次说是鸡闹病了，他就把大蒜整瓣地塞进鸡口里，它们吞的时候总是伸长脖子，眼睛瞪得老大，我觉得很可怜"。

　　一边饲养着他的十几只鸡，一边写作他的《知识论》。金岳霖

□ 金岳霖在李庄亲自买鸡喂养的
情形，右立者是梁思成、梁再冰和
梁从诫，背影为邻居家孩子。

和他的这一群鸡，还留下了一张合影：斑驳的日光从院子里的矮树
的枝叶缝隙中洒下来，白色的竹篱笆围着已经长到半大的鸡。黑的
白的都有，金岳霖拿着玉米粒之类的食物喂它们，一只黑鸡大胆地
从这个消瘦的、头发已经斑白的哲学家手中啄食。旁边站着梁思成、
宝宝和小弟，一个邻居家的孩子也在那里，他们饶有兴趣地看着哲
学家喂鸡。

　　后来，林徽因在病魔的蹂躏下，经常不得不卧病在床，已经不
复当年那个风华绝代的女子。金岳霖依然每天下午三点半，雷打不
动，出现在林徽因的病榻前，或者端上一杯热茶，或者送去一块蛋糕，
或者念上一段文字，然后带两个孩子去玩耍。

　　如果还有人纠结于他们之间是友情还是爱情时，我们都更愿意
相信，这家人般的亲情也许来得更为贴切。

汪曾祺有一篇散文，记述了金岳霖的一些往事。

　　金先生朋友很多，除了哲学家的教授外，时常来往的，据我所知，有梁思成、林徽因夫妇，沈从文，张奚若……君子之交淡如水，坐定之后，清茶一杯，闲话片刻而已。金先生对林徽因的谈吐才华，十分欣赏。现在的年轻人多不知道林徽因。她是学建筑的，但是对文学的趣味极高，精于鉴赏，所写的诗和小说如《窗子以外》、《九十九度中》风格清新，一时无二。林徽因死后，有一年，金先生在北京饭店请了一次客，老朋友收到通知，都纳闷：老金为什么请客？到了之后，金先生才宣布："今天是徽因的生日。"

　　举座感叹唏嘘，岁月渐远，逝者渐渐被遗忘在时光一隅，曾经的光辉仿佛随时间远去不再耀眼。可是，总有一个人，他愿付出这一生去守望，无论流年怎样变迁，即便他爱的人已不在世间，他还

□ 梁思成、林徽因和金岳霖
多年的交往，与其说是朋友，
倒不如说是亲人来得更贴切。

做林徽因 一样的女人

始终保持着一颗为她而跳动的心，让爱静静地流淌，如潺潺流水，终年不枯。

让人缄默的艺术

金岳霖同梁思成一家相处融洽，临死前，他还和梁思成的儿子梁从诫生活在一起，他们称他"金爸"，对他行尊父之礼。而他去世后，也和林徽因葬在同一处公墓，像生前一样做近邻。

在林徽因去世多年后，有人央求金岳霖给林徽因的诗集再版写一些话。他想了很久，面容上掠过很多神色，仿佛一时间想起许多事情。但是最终，他仍然摇摇头，一字一顿地说：我所有的话，都应该同她自己说，我不能说。他停顿一下，又继续说：我没有机会同她自己说的话，我不愿意说，也不愿意有这种话。他说完，闭上眼睛，垂下了头，沉默了。

生前不说是因为他知道说了就是林徽因的烦恼，他愿她一生无困扰，这时更不必说，他最想倾诉的人已经不能听到。

爱一个人有很多种方式，金岳霖选择用沉默的方式爱了林徽因一生。

这沉默中是尊重和珍爱，同时，这也说明，林徽因拥有着特别的魅力可以让一个男人在一段微妙的关系中保持沉默。

这魅力不是她曾经出众的外貌，她生病时其实相貌已经憔悴。她学识丰富确实令人钦佩，可是仰慕也并不一定就是爱情，也许，金岳霖想呵护的是那份用所有学识和智慧武装下的脆弱。从开始同林徽因敞开心扉地交谈他就发现，这个聪慧的女人就是用再犀利的

词语也掩盖不住那颗柔软的内心。他们曾经聊起过徐志摩，也许，他从她的眼神中读出了一个少女的情怀，当她庄重的理智抑制住澎湃的感情，他心疼于她背负的沉重。于是，金岳霖愿意用这样的方式去爱他所爱之人。

其实，男人最难抗拒的就是看似强大的女人背后的那份脆弱。她们的努力让人尊重，她们的脆弱又会让男人想要守护。

所以女人要用努力去获得尊重，用柔弱得到守护。就像有些女人，她们在自己的事业上很成功，总是给人留下自信、独立、干练、睿智的"大女人"印象，让人觉得她们无比刚强。可是在家中却一改工作中的泼辣，经常依偎在丈夫的怀里撒娇，把自己的很多脆弱向丈夫倾诉，做丈夫眼中温柔的妻子，作为女人，确实要懂得做一个不折不扣、懂爱、恋家并需要呵护的小女人。

坚强的女人会打一把钥匙解开心锁，借一方晴空，拥抱阳光。爱过、痛过、哭过、笑过，然后继续坚强。

做让人疼惜的女人

几乎所有男人都有与生俱来的保护欲望，在遇见女生展现柔弱那一面的时候，这种保护欲便会激增，甚至演变为想要呵护一生一世的责任感。

现代的女性越来越独立，她们能够肩负的重任一点都不逊色于男人，所以，她们越来越不愿意承认自己需要男人的保护。

的确，我们不再像以前的时代，需要男人的保护与供养，不再因为生存或安全的理由需要男人，可是，女人没有因为物质的不匮乏感到幸福，女人更需要的是男人情感上的慰藉与滋润。

女人，可以用自己的强大来赢得尊重，也要用自己的柔弱来获得男人的关怀与爱护。

这就是为什么一个女人事业很成功，如果家庭婚姻不美满往往得不到太多人的羡慕。因为一个情感上得不到滋润的女人感觉到更多的是孤独。

那些可笑的强势将人拒之于千里之外，最后只能用骄傲掩盖孤独。

一个女人具有人和女人的双重社会属性，也就是说女人不仅仅要事业上有所成就，能获得幸福的家庭才能充分彰显她的成功。获得家庭的幸福最重要的是处理好两性的关系，而柔弱往往是女人有效调节两性关系的重要手段。

柔弱不是软弱，它是一种力量，是生活的智慧。有很多人通常对柔弱有种误解，认为这是无能的表现，其实恰恰相反，这是女人有力的武器。就连有"铁娘子"之称的撒切尔夫人，在家庭也表现得相当女性化，她是慈祥的母亲和温柔的妻子，即使在与选民沟通时，她也会讨论一些化妆、保养等女性话题。

柔弱其实是女性独有的优势，因为很多女性往往都是以柔弱克制男人的坚毅的。

所以女人一定要学会放下所谓的"刚强""强势"，你原本可

以活得不必这样辛苦。在软弱时，不要什么都自己扛着，把温柔、柔弱当作是力量转而去化解生活中各种各样的问题，才是一个智慧的女人。

学做一个女人味十足的女人，需要关心的时候就大声地说出来，想哭的时候就趴在男人的肩膀上哭，在自己找到依靠和安全感的同时，对方也会因为感觉到被依赖而充满成就感，这样就会放大双方的幸福感觉，婚姻生活也因此更加美满。

做一个让人怜惜的女人，用心地经营婚姻，让对方时时感受到温暖、信赖和关怀，从而让生活更加和谐完美。

静/思/小/语

强大不是倔强更不是强悍，它让受伤的女人把目光投向远方，给自己一个信步生活的理由，她还会找一个肩膀让泪水尽情流淌，这样的女人才最让人疼惜，才有人愿意用一生去守护她的善良和美好，让她能够优雅地爱、优雅地被爱。

做林徽因一样的女人

第四章

相伴不忘初心，守望婚姻麦田

——相濡以沫的爱是婚姻的保护伞

相知相守，不忘初心

走进婚姻，爱就要渗透在平凡的日子里，浸润在平仄流年里，你要找到那个人，不论贫穷、富贵、健康、疾病都会紧握你的手，心甘情愿和你风雨同舟。最长久的情，是平淡中的不离不弃；最贴心的暖，是风雨中的相依相伴。

生命中最长久的相伴

林徽因的一生有些短暂，她去世的时候才五十出头。然而就像烟花的绽放，虽短暂却无比绚烂，她成就斐然，建筑学家、文学家、诗人……对美和艺术，她确实有着过人的天赋和敏锐的感知，然而，若没有梁思成，她无法有此成就。

他并不是她唯一的爱情，却是最长久的相伴。相比嫁给徐志摩的陆小曼，她获得了最安稳的幸福。他丝毫不掩饰幸福，曾骄傲地说："文章是老婆的好，老婆是自己的好。"

他宠她，"一起工作的时候，林徽因啊，从来只肯画出草图就要撂挑子，后面，自有梁思成来细细将草图变成完美作品。而这时，她便会以顽皮小女人的姿态出现，用各种吃食来讨好思成"。就连她有些苦恼地倾诉自己爱上别人了，他听了尽管痛苦万分，却仍和她说：徽因，我成全你，只要你幸福。

做林徽因 一样的女人

在战乱逃亡时，他们生活困窘，连最基本的食物都经常短缺。他学着照顾她，为了给她增加一点营养，他把派克钢笔、手表都当了，换成钱用，还学会了腌咸菜和用橘子皮做果酱。但梁思成从未在林徽因面前流露出抱怨和消极的情绪。他试着用幽默的态度让妻子的心情好一些，他还承担了所有的家务，煮饭、做菜、蒸馒头……

由于童年成长的阴影，她的个性有些敏感，尤其是在处理与母亲的关系的时候，这样的性格更加突出。

"何雪媛年轻时就不懂治家，年纪大了更学不会。帮不上忙就算了，有时候还会添乱……这种鸡毛蒜皮的争执，一次两次都无伤大雅，林徽因撒撒娇，叫几声'娘'就过去了。但次数一多，何雪媛就有怨气了，说林徽因心气儿高，嫌弃自己。林徽因纵是觉得委屈，但只要梁思成稍微流露出一点对何雪媛的不满，她立刻就会勃然大怒。后来丈夫也学乖了，凡事丈母娘做得不好的，千万别跟林徽因提；凡事丈母娘做对一件事，就要在林徽因面前使劲夸奖。"

梁思成就是这样默默地包容着她、迎合着她，在她抱怨的时候安慰她，在她沮丧的时候鼓励她，让她尽量不被家庭的琐事烦恼，让她有更多的精力去做自己喜欢做的事。

在林徽因病重的时候，梁思成认真地充当起护士的角色。他遵医嘱每天给林徽因搭配营养餐，为她进行肌肉注射和静脉注射，为了让她的生活不再枯燥，他给她读英文报刊，每次去学校上班前，他总是在林徽因身边和背后放上大大小小各种靠垫，让她在床上躺得舒服一点……

他用自己恒长隽永的深情去填补她的生命的残缺，让我们看到更多的花好月圆。

致 / 橡 / 树

——舒婷

我如果爱你——

绝不像攀援的凌霄花，

借你的高枝炫耀自己；

我如果爱你——

绝不学痴情的鸟儿，

为绿荫重复单调的歌曲；

也不止像泉源，

常年送来清凉的慰藉；

也不止像险峰，

增加你的高度，衬托你的威仪。

甚至日光，

甚至春雨。

不，这些都还不够！

我必须是你近旁的一株木棉，

作为树的形象和你站在一起。

根，紧握在地下；

叶，相触在云里。

每一阵风过，

我们都互相致意，

但没有人，

听懂我们的言语。

你有你的铜枝铁干，

像刀，像剑，

也像戟；

我有我红硕的花朵，

像沉重的叹息，

又像英勇的火炬。

我们分担寒潮、风雷、霹雳；

我们共享雾霭、流岚、虹霓。

仿佛永远分离，

却又终身相依。

这才是伟大的爱情，

坚贞就在这里：

爱——

不仅爱你伟岸的身躯，

也爱你坚持的位置，

足下的土地。

在舒婷的笔下，真正的夫妻应该是橡树和木棉，它们相互依偎又各自独立。林徽因和梁思成就像橡树和木棉，他们以坚定的志向和共同的事业为基础，将毕生的心力投入建筑事业，他们热爱艺术，追寻艺术，他们曾颠沛流离，经历了为五斗米折腰的辛酸生活，但是他们始终相互扶持，不放弃对生活的热忱、对祖国的热爱，以及对事业的执着。

他们各自的个性都得到了最充分地舒展，同时他们又是互补的，他们把对方的事业追求、理想信念也纳入自己爱的怀抱，从精神上完全相融和相互占有，不仅在形体上，而且在思想感情上达到完美的结合，站在同一个阵地，拥有相同的生活信念，追求同一种目标。

有太多人在她青春美貌的时候曾为她付出炽热激情，当她青春不再，疾病交加时，却只有她的丈夫一直紧紧地握着她的双手，让她始终温暖如初。

爱如饮水，冷暖自知

1928 年 3 月，梁思成和林徽因成婚。离开了爱情的臂弯走向婚姻，对林徽因来说，婚姻并未成为围困她的城堡。她从未失去自由，梁思成不但给了她恋爱的浪漫唯美，还努力地不让婚姻的琐碎淌平妻子与生俱来的优雅和自由开阔的理想。

林徽因才貌出众、气质非凡，拥有无数的仰慕者，而当时的梁思成没有英俊挺拔的身姿，也还没有举世瞩目的才华，外人所谓的般配其实大多指的是两人家世对等。林徽因从不会被所谓的王子公主的童话迷惑，婚姻要渗透在平凡的日子里，浸润在平仄的流年里，只有梁思成宽厚温暖的胸怀才是自己一生的依靠。

生活得好不好、快不快乐，只有自己才能感觉得到，而周围的人，只是看到表面的某些段落。普通人常常要活在别人的议论之下，而一些意志不坚定的人总是会被旁观者的议论所影响，通常旁观者都是通过外在的物质条件来评判你幸不幸福，如果自己轻易地受这

□ 面对爱情，林徽因是理智的。她选择了能给她简单平
淡幸福的梁思成，即使有再大的情感诱惑，她都坚持自
己对爱的忠诚。她的追求、她的坚持，最终让她获得了
自己想要的生活。

样的议论影响，就犯了最愚蠢的错误。幸不幸福是一种主观的感受，怎么能用物质评判？即便选择了一个没什么物质基础的人，但是他能给你带来快乐，又何必理会别人异样的眼光？

无论在别人眼中你们两个是如何般配，可是他如果懦弱和犹豫让自己的心里从未有过安全感，这就不是自己想要的幸福。

就像戴安娜王妃，嫁入王室的她，曾有多少女性羡慕她。她有6个月之久的世纪婚礼，她有珍贵的钻石皇冠和长达8米的洁白婚纱。她的生活应该像书中的童话。可是，王子和公主的生活只有短暂的幸福，戴安娜王妃发现了自己的丈夫查尔斯王子与情人卡米拉的私情。

爱情的背叛成了她最深的伤痛，倔强的她不想虚幻地活在别人的羡慕中，戴安娜甚至在公众场合不让查尔斯亲吻她。他们于1992年12月正式分居，戴安娜从这名存实亡的婚姻中丝毫感觉不到幸福，因此，勇敢的她决定去找寻下一段爱情。

爱如饮水，冷暖自知。是笑着含泪继续表面的风光，还是哭过后笑着迎接未来，聪明的人自然知道如何选择。

婚姻确实就像钱锺书说的，类似穿在脚上的鞋子，舒不舒服只有脚知道。漂亮耀眼的鞋子不一定穿着舒服，而外形普通的那双却可能最适合你的脚。就像很多看上去很般配的夫妻，他们的婚姻生活远没有人前的那般和谐幸福；而那些看上去不那么般配的夫妻，他们的婚姻生活却快乐而甜蜜。恋爱也许要的是两人之间的那种刻骨铭心的感觉，短暂的激情也许能克服彼此性格的缺陷，可是如果一直盲目，婚姻带来的痛苦和伤害就像新鞋子硌脚那样让人痛苦，这不是一时半会儿忍一忍就能挺过去的。到头来，还是不得不放弃那双看似华丽，却不舒适的鞋子。

找到对的那个人，才能幸福

　　梁思成比林徽因大三岁，第一次见面时，梁思成约 17 岁，林徽因年仅 14 岁。梁思成对林徽因的印象不错，林徽因当时的反应并无特别。

　　"门开了，年仅 14 岁的林徽因走进房来。父亲看到的是一个亭亭玉立却仍带稚气的小姑娘，梳两条小辫，双眸清亮有神采，五官精致有雕琢之美，左颊有笑靥；浅色半袖短衫罩在长仅及膝下的黑色绸裙上；她翩然转身告辞时，飘逸如一个小仙子，给父亲留下了极深刻的印象。"

　　女孩一直要比男孩成熟得早，再加上林徽因早期较好的教育经历，让她在 14 岁时花季少女的特有的天真和烂漫就已经悄然绽放。

　　而当时的梁思成个子瘦小，虽白净秀气但踏实沉稳的魅力也还未形成，恐怕在一个妙龄少女的心中还产生不了太大的吸引力。

　　短短的一次见面其实也是两边家长有意为之，却并未激起太多波澜。

　　后来，林徽因就随父亲出国游学。

　　在英国，她遇到了浪漫的诗人，诗人的温文儒雅和广博的见识虽然也曾让她目眩神迷，可是终究因为不能承受的负担让她早早结束了这段还未真正开始的感情。

　　当她同父亲从英国回到北平，梁思成认认真真地第一次去拜访了林徽因。这时的梁思成在清华就读，音乐、美术、政治、体育，样样骄人，处世为人成熟又内敛。

　　如果说，3 年前的相见让梁思成惊艳于林徽因脱俗的气质，那么

□ 1924 年 6 月，20 岁的林徽因和 23 岁的梁思成共同赴美。图为梁思成（左一）、林徽因（左三）在美国留影。

这一次的相见，让他更加为她的智慧折服。

"当我第一次去拜访林徽因时，她刚从英国回来，在交谈中，她谈到以后要学建筑。我当时连建筑是什么还不知道，徽因告诉我，那是包括艺术和工程技术为一体的一门学科。因为我喜爱绘画，所以我也选择了建筑这个专业。"

从此以后，他们就有了共同的事业追求。

1924 年的夏天，志同道合的他们一起去了美国，就读于宾夕法尼亚大学。

林徽因的外甥女曾回忆了舅妈和舅舅两个人在大学时不同的状态。

"徽因舅妈非常美丽、聪明、活泼，善于和周围人搞好关系，但又常常锋芒毕露表现为以自我为中心。她放得开，使许多男孩子陶醉。思成舅舅相对起来比较刻板稳重，严肃而用功，但也有幽默感。"

同在美国留学的顾毓琇回忆："思成能赢得她的芳心，连我们这些同学都为之自豪，要知道她的慕求者之多有如过江之鲫，竞争可谓激烈异常。"

做林徽因 一样的女人

在整个青年时期，林徽因的光芒相比梁思成要更加耀眼一些。在当时很多人的眼里，其实林徽因和梁思成并不般配。

可是林徽因在众多的选择面前没有丝毫旁骛之心，她知道只有这个人可以真正地包容自己。在每一次图纸设计中，她总是满脑子都是创意，常常先画出一张草图或建筑图样，然后一边做，一边修正或改进，而一旦有了更好的点子，前面的便一股脑儿丢开，这样虽然更容易破旧创新，可是却常常无法按时交图。于是，每一次梁思成都静静地将乱七八糟的草图变成一张整洁、漂亮、能够交卷的作品。

在大学时，父亲的离世让她每天以泪洗面痛苦不堪，梁思成用无微不至的照顾去化解她心里的孤单和悲痛，才让她渡过难关。

是梁思成的踏实沉稳让她飞扬灵动的生命有了厚重的根基。

她坚定地认为，梁思成才是自己可以一生相伴的亲密爱人。

而梁思成也确实用一辈子的耐心、痴心、爱心陪她走过了人生的风风雨雨。

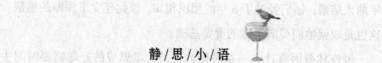

静 / 思 / 小 / 语

恋爱是走在婚姻的路上，婚姻是恋爱的最好归宿。好的婚姻不是围困你的围城，而是保护你的城堡。所以，找一个最适合自己的人共度一生，也许他没有外人交口称赞的外在，但是，他应该是最懂你、最包容你，不管是疾病痛苦，都紧紧握住你双手的那个人。

时间悄悄流走，带走的不仅仅是年轻的肌肤、如花的容颜，每个人都在经历着或多或少的改变，爱情也一样，没有永远炽热的感情，没有美满情澎湃的爱人。可是却有美满和谐的婚姻。信任、理解、宽容是婚姻的基础，更是维系婚姻的精神纽带和链条。

长相守才能长相知

梁启超其实早已有了与林长民家联姻的想法，林长民也乐意有此通家之好。不过，梁启超仅仅止于想法，却并不剥夺他们选择配偶的自由，他对儿女婚姻的态度相当民主。两家老人给了他们相处的机会，从1922年梁思成正式去拜访从英国回来的林徽因到1928年两人结婚，他们经过了6年的相识相知，彼此建立了深厚的感情，这也是成就他们美满婚姻的重要基础。

也许林徽因有让人一见钟情的资质，梁思成的好却需要时间去挖掘。

林徽因曾很有兴致地对当时还只是个学生的林洙谈起他们的美好往事。"那时我才十七八岁，第一次和思成出去玩，我摆出一副少女的矜持。想不到刚进太庙一会儿，他就不见了。忽然听到有人叫我，抬头一看原来他爬到树上去了，把我一个人丢在下面，真把

做林徽因 一样的女人

我气坏了。"

他们常常在环境优美的北海公园约会，林徽因常常跟随梁思成去清华学堂，看他参加的音乐演出，自此以后，林徽因与梁思成时常往来，关系日益亲密。自在而又真诚地谈论各种话题，异地见闻、兴趣爱好、未来志向等，也就在那时，林徽因把她对建筑学的了解和喜欢都潜移默化给了梁思成，梁思成本来便对绘画感兴趣，也就渐渐地迷上了建筑学。

连对未来事业的选择都甘愿受林徽因的影响，那时的梁思成早就迷恋上了林徽因。而对于林徽因来讲，梁思成也带给她前所未有的轻松，有之前较为沉重的恋爱经历，林徽因对这样的感觉格外珍视。

也许是因为两个人都还年轻，也许是两个人的性格原因，他们的恋爱缓缓进行，仿佛缺少一点热度。

后来，一场意外的车祸加速了他们恋爱的进程。

1923 年 5 月 7 日，梁思成在北京学生举行的"五四国耻日"游行中严重受伤，右腿断了，脊椎受伤，也是从那时起，梁思成的右腿比左腿短了一截，一辈子都要跛着走路。

林徽因被这突如其来的意外慌了神，她还从未经历过身边的人受这么严重的伤，她看到平时如此健壮的朋友只能一动不动地躺在病床上，林徽因只能用自己的悉心照料来帮助这个受伤的朋友。

平时都是梁思成对她呵护有加，现在换林徽因无微不至地照顾他。

当时恰值初夏时节，梁思成汗水淋淋，她顾不得避讳，揩面擦身，林徽因竟在这日复一日的照料下对梁思成完全坚定了相爱的决心。

爱情竟如此奇妙，之前的林徽因一直在爱情中处于被动的状态，

不管是在英国徐志摩的热烈追求还是这之前梁思成的默默追随，她都不能完全沉浸其中，反倒在自己的全心付出中激发出爱的热情。

这很像电影《巴黎，我爱你》中的一个片断。

一位中年男人有了新欢，于是打算在一家餐厅向妻子坦白，他已经不爱她了。然而在他开口之前妻子把医院的诊断书给他看了，她得了白血病，生命已经进入倒计时。

丈夫突然决定担起责任，陪伴她度过最后的时光。他和新欢断绝了关系，他买她喜欢吃的食物喂她，带她去看电影，当她哼着歌做饺子时从身后深情款款地抱住她，给她读村上村树的小说，满足她的每一个要求。在最后的一段时光，重温了他们以前的美好。

男人再次爱上了妻子。当死神带走了妻子，他的灵魂仿佛也被带走了。他第一次遇见妻子的时候她穿着一件红色风衣，多年以后，他只要看到穿红色风衣的女人心中仍然会隐隐作痛……

所以，爱情通常是在付出中成就，付出越多的那个人爱得越浓烈，而被爱的人因为付出的较少才可以做到冷眼旁观、冷静抉择。

人是奇怪的动物，对别人的热情可以冷静自制，却往往被自己的热情无可救药地感动。

长相知才能不相疑

婚姻因为有着太多的琐碎需要两人的互相包容和恒久的耐心，和华而不实的一些外在条件相比，一个宽厚踏实的怀抱，才是一个女人最好的归宿。

梁思成在同林徽因的整个婚姻中给予了她最大的信任。尽管他

做林徽因 一样的女人

□ 梁思成、林徽因在欧洲旅行中。林徽因说："如同两个人透彻的了解：一句话打到你的心里，使你的理智和感情全觉得一万万分满足；如同相爱，在一个时候里，你同你自身以外另一个人互相以彼此存在为极端的幸福；如同恋爱，在那时那刻眼所见、耳所听、心所触，无所不是美丽，情感如诗歌自然的流动，如花香那样不知其所以。"

知道徐志摩一直不曾放弃对林徽因的追求，他仍放任他出入林徽因的文化沙龙；尽管他知道金岳霖钟情于林徽因到不肯结婚，也任由他"逐林而居"。

这信任来源于他们长久的相处，并由这相处中对彼此有着深厚的了解。

除了对于彼此兴趣爱好的了解外，他们更多的是对彼此个性的了解。梁思成自然知道林徽因当时从英国回到中国有个很重要的原因是为躲避徐志摩的热烈追求，他欣赏她能冷静地对待这份炙热的感情。在林徽因回国一年后，徐志摩竟回国继续追求，并常出现在梁思成和林徽因经常约会的图书馆，而林徽因在这样的追求下并没有丝毫动摇。

梁思成知道，也许林徽因在徐志摩的追求下或许会有一些困扰，但是却绝对不会接受。林徽因的母亲使她十分痛恨婚姻对女性的伤害，她自己并不想牵涉其中。另外，他也对林徽因对感情尺度的把握十分有信心。

后来两人比翼双飞，漂洋过海，一起就读美国的宾夕法尼亚大学。

林徽因的飞扬灵动自然让很多中国留学生心生爱慕，其实追求林徽因的，也大都是门第不凡、优秀的俊彦，可是林徽因并没有移情别恋、丝毫动摇，她对待感情始终如一。

在美国留学期间，两个人的家里分别出现了一些变故，梁思成的母亲和林徽因的父亲相继离世，两个人互相安慰、互相勉励，相扶走出丧亲之痛，感情自然又到了另一个境界。

婚后的他们因为从事的行业相同，自然不缺乏夫妻间的沟通。

长久的相处，让他们彼此间更加信任。

在徐志摩去世后，梁思成为妻子带回飞机残骸的碎片，林徽因将其悬挂于室内。梁思成绅士式的坦荡让人叹服，他知道这是对逝者情感之深的怀念方式，并非如外人传闻般是林徽因"恋徐"的证明，如果对妻子有一丝质疑，他也不会将碎片带回。

之后，林徽因也在一封书信中表明，她爱她现在的家在一切之上，也许对知音的离世有悲伤，但这来自于无限痛惜。

而由林徽因"太太的客厅"引来的争议，梁思成只是微微一笑并不放在心上，他知道妻子要的并非是别人的追捧，她追逐的是群英思想碰撞出的智慧。

被人信任是一种难能可贵的荣誉，对人信任是一种良好的美德和心理品质。长相守才能长相知，长相知才能不相疑。

也许，林徽因最最看重的，就是梁思成的这份理解和大度。所以，她才能在感情有了困惑的时候毫无保留地向丈夫吐露心声。

有了信任，一段感情才能长久

因为有信任，所以梁思成从不被流言蜚语左右，他始终握紧妻子的双手，作为她最坚实的后盾。

因为没有信任，陆小曼因徐志摩婚后出入林徽因的文化沙龙而痛苦，最后竟酿成婚姻的悲剧。

有了信任，一段感情才能穿越人生的风风雨雨。

每个拥有婚姻的人都知道信任的重要性，可却总是管不住自己多疑的心。

这不是你天性多疑，而是信任这东西是需要建立在对彼此的深刻了解之上的，否则就成了空中楼阁，毫无根基。

有很多人在还没有对彼此有太多了解的基础上就选择步入婚姻的殿堂，由于对彼此缺乏了解自然很难建立信任，往往男人在感情方面一有风吹草动，女人马上就草木皆兵。翻手机、看记录，每天想办法查找对方出轨的蛛丝马迹，把自己弄得神经兮兮。也许男人在感情上真的曾有一点动摇，本来这并不足以撼动他们的感情，可是，当女人越来越多疑，两个人也就开始了漫无休止的争吵，最后两个人疲惫不堪，只好一拍两散。

很多年轻人从对婚姻怀揣憧憬到情感破裂不过一年的光景，因为互相不信任而遭遇"纸婚"危机，婚姻犹如纸张一样薄得一触即破。纸婚到金婚的路很长很长，没有一起共同奋斗的经历，没有一起努

力的梦想，就没有信任一点一滴地逐渐累积。

一段婚姻结束的前奏通常是这样的：

"我感觉非常受伤，心理极度不平衡。两个月前，我发现老公出轨的证据了。准确地说，是有出轨的倾向。因为，他始终坚持说，他们没实质性的接触，不过是比较谈得来。

"我发现的那些证据就是他手机的通讯记录。从今年春节后开始，他和那个女人联系频繁，有时很晚还在互发短信……我给那个女人打电话，说我要捍卫我的婚姻。她很坦然地说，你的婚姻有没有问题，是你跟你老公的事，与我无关，别找我……"

真为这样的女人心疼，她一心守护的家庭决不允许别人来破坏，所以，她放弃尊严，找证据，去理论……解决掉这个隐患，从此以后就被猜疑、愤怒、失望整日折磨，也把自己的老公越推越远。

躲闪的眼神、静音的手机、暧昧的短信有太多让信任受损的原因。

我们都不是圣人，或许是不经意，思想就开了一个小差。你是选择将错就错，还是和爱人倾诉化解？

其实，这还涉及一个责任的问题。身为人夫或人妻，当时的一句"我愿意"并非一句空洞的应付，它意味着要对对方承担起一世的责任，不管年轻、衰老，还是贫穷、富贵。

既然想走完一生，就不要让背叛毁掉信任。

夫妻间的信任与忠诚是成正比的。一次的背叛，会让好不容易建立起来的信任逐渐瓦解。

而没有了信任，就算维持婚姻不破裂，两个人在其中也很难重建幸福。

遇到问题，试着向对方坦白，一味的隐瞒只会让对方更加猜疑，猜疑担忧非但解决不了问题，还会使夫妻情感出现裂痕，夫妻间应适时地与对方分享自己的困惑，去获得对方的理解，以更好地维持彼此的信任。就像林徽因，她向丈夫坦率地承认自己好像爱上了另一个人，梁思成虽然痛苦地表示成全，可是林徽因最后还是留在了他的身边。林徽因的做法，让梁思成从此对她更加信任，至少他知道，林徽因是个坦荡的人，绝不会暗地里背叛。

其实，如果夫妻中一方不愿相信另一方，痛苦的不仅仅是质疑的那个人，被质疑的那个人同样痛苦，爱人宁愿相信别人的闲言碎语却不愿相信你的千百遍的解释和表白。

信任是维系夫妻间的感情的纽带，只有彼此尊重，相信对方的人格，包容对方的缺点，把对方的命运真正与你的命运相结合，才能获得完全的信任。这也是信任的最高等级，即使在无任何证明的前提下，仍然对对方坚信不疑，如同幼童坚信自己的父母。从最初的依赖到最后的坚信，这是夫妻双方共同努力的成果。只有这样家庭才能稳定，幸福才会随之而来。

静 / 思 / 小 / 语

长相守才能长相知，长相知才能不相疑，相互的了解是建立信任的基础上的，不要让猜疑使感情逐渐消失和淡化，用沟通和信任走过婚姻的一个个十字路口，虽然也许风雨兼程，但一定会到达幸福的彼岸。

爱是天时地利的迷信

攘攘红尘中曾有多少次回眸，茫茫人海中又有多少次擦肩，不是每段感情都能修成正果。在对的时间对的地点遇到了对的人，于是，一段飘浮在空中的爱情才能得以尘埃落定。

有时不得不承认，一段能抵达婚姻的爱情，确实有着天时地利的迷信。

没有坏的恋爱，只有不肯成长的女人

莫里哀曾说过："爱情是一位伟大的导师，它教我们重新做人。"

可是，在生活中，经常会有这样不肯在一段感情中成长的女人：

同丈夫离婚后，她憎恨男人的第二任妻子，她是他们婚姻的第三者。她把所有的心血都花在如何破坏前夫和第二任妻子的婚姻上。她花了 5 年时间终于达到了目的，当她回过头看着镜子中的自己，她被镜子中一张狰狞的脸吓到了，她的青春没有了，她浪费了那么多的时间在一段早已不值得她再投入任何精力的感情上。她本可以告别错误的过去，重新开始自己的生活。

爱错了不可怕，可怕的是女人不肯成长。

其实，我们要做的是花时间来学习，如何认真地谈一次恋爱、如何经营好一段感情。

认真地反思自己在上段感情中出现的问题，为什么当时义无反

做林徽因一样的女人

顾地付出却得不到爱的回应，这爱是否因为太浓烈而让对方压力重重？

如果反思后发现问题并不在自己，就更应该庆幸自己的离开。呼天抢地只能换来最后的相顾无言。

爱情是两个人的事情，而不是你一个人的事情，若有一方决意背叛，再多的付出也是徒劳，不如下一次，找个有责任感的男人保护自己。

达科·哈姆谢尔德说过："若能听懂内心世界的声响，外部的声音也会更加清晰。"

恋爱的经历恰恰就是了解自己的过程，成熟的爱情发生在两个成熟的个体之间，你想要一段长久温暖的爱情，就要做一个自知、自制的成熟女人，知道自己需要一段什么样的感情，更要知道爱情中两个人如何相处。

每一次恋爱，都是一次成长

林徽因前后两次恋爱对象的选择充分地体现出了她的聪慧——绝不在同一个地方摔倒两次。其实，同徐志摩那一段懵懂的感情虽然也有浪漫也有甜蜜，但更多的是来自现实的、道德的压力，这些让她差一点窒息，甚至要求助于父亲写信给徐志摩婉言相拒。可是竟换来诗人更加热烈的追求，林徽因并非是欲拒还迎，她只能随父亲离开英国回避。

一个不到20岁的少女如果遭遇过这样的境遇，恐怕会或多或少地对感情热烈的人从此有些抗拒吧。

□ 林徽因与梁思成一起在宾夕法尼亚大学读书，没课的时候，他们就会去校外郊游散步。兴致好的时候，便坐了车子到蒙哥马利、切斯特和葛底斯堡等郊县去，看福谷和白兰地韦恩战场，拉德诺狩猎场和长木公园。

还有每一次想象张幼仪或许哀怨的眼神，总是让她想起自己的母亲，因为得不到父亲的宠爱愁苦了一生，自己虽无心伤害谁，却还是要造成一段婚姻的破裂，这让她从此对如此复杂的情况很是抵触。

于是，当她看到阳光、单纯又有些腼腆的梁思成，不但没有嫌弃他不够成熟，反而在相处中觉得正是这样的简单让她感觉到了前所未有的轻松。

林徽因在理智地告别一段感情后，终于知道自己喜欢什么、抗拒什么，又极其聪明地排除掉自己不喜欢的特质，从而选出那个更加适合自己的人。而她所看重的才华，却始终是她择偶的重要标准。

其实，每次失恋的痛苦都应该成为你学习的重要一课，每个给你带来烦恼的恋人都是命运给你的赏赐。因为很少有人懂得在幸福中反省自我，反而更容易在痛苦中顿悟，人的天性中就有"趋利避害"的倾向，为避免下一次的痛苦，你会去体悟、去深思。你会发现，

做林徽因一样的女人

不是谁的缺点大于天，只是他的缺点恰恰是你所不能容忍，他会找到那个对此缺点不以为然的人，你也会找到那个你眼中的完美情人。就算一段恋情的挫折会毁掉我们对于美好爱情的幻想，也不要一味地怨恨责备对方的种种缺点，这并不能让痛苦有所减轻，也不能就此获得下一段更好的恋情。

有时让痛苦唤醒我们的心灵并非坏事，因为它能让受伤的人获得更多的"爱情智慧"。

所以，不要在失恋痛苦时觉得自己不会再有幸福，也不要在再次拥有幸福时觉得上一段恋情有多可笑，每一个昨天不快乐的你，才成就了今天可以顺利躲开痛苦的自己。每一次爱情，都是一次成长。

爱情是两个人的，婚姻是两家人的

1918年，梁思成第一次见到林徽因。这是在父亲梁启超的安排之下，他明白父亲的用意，虽不急于谈恋爱，他还是去看了一下父亲老朋友的女儿。率真清秀的林徽因让梁思成怦然心动。梁启超也更加认定林徽因就是自己最理想的儿媳人选。

在梁思成众多兄弟姐妹里，梁启超最看重梁思成，从学业、婚姻到谋职，无不一一给予无微不至的关怀、照顾。

在梁思成和林徽因去美国留学期间，林徽因的父亲林长民去世，这不仅使林徽因失去了一个主要的精神支柱，也让她没有了经济来源。

梁启超曾致信儿子，满怀温情和担忧地嘱咐梁思成多关心林徽因。其实，当时梁家的经济也很困难，梁启超准备动用股票利息解难，

他不但支付了林徽因留学的费用，还帮助安葬林长民，供养林徽因的亲娘、弟妹。梁启超早已把林徽因提前纳入家庭的一员，因此甘愿投入巨大的情感和财力。

所以，有了梁启超的这样全力的支持，梁思成和林徽因的感情也因此更加深厚。

梁思成结婚前夕，梁启超致信说："你们若在教堂行礼，思成便用我的全名，用外国习惯叫作'思成梁启超'，表示你以长子的资格继承我全部的人格和名誉。"

这门婚事，从最初提起到最终达成，整整10年。梁启超终于帮儿子梁思成挑选了一位无可挑剔的太太。

也许，没有家人的祝福，你的婚姻也可能获得幸福，毕竟两代人有着不同的价值观。可是，如果能够得到家人的祝福，你的婚姻会更幸福，当你的爱情用世俗的观点去对照仍然让父母满意，门当户对、职业稳定、年龄相当，这些并非毫无参考价值。

爱情可以是两个人的，可是婚姻是两家人的。嫁娶的不光是单纯的一个人，还有两个人自身的追求、做人的标准以及身后的背景。

门户差异大的婚姻经营起来会比较困难。比如平民与王室的联姻，英国的戴安娜王妃、莎拉王妃，丹麦的华裔王妃文雅丽都曾遭遇失败的婚姻。

这是因为来自平民家庭的人和来自王储家世的人从小就接受了不同的教育，而人的核心价值观基本都是在原生家庭形成的，而且往往是在未成年前特别是7岁之前形成的，长大后很难做出改变。于是，较大的价值观和家庭文化方面的差异使婚后的磨合更加艰难。

可是，这种差异性往往在恋爱中体现得并不明显，反而由于彼此的不同产生吸引力，但进入婚姻之后麻烦才开始接踵而至。有研究表明，在婚后，男女之间的爱情平均只能延续一年半，剩下的应该是平日积累的感情，如果差异太大难免沟通不畅，婚姻自然很难和谐。而那些门当户对的夫妻，因为价值观相近冲突相对较少，相处起来会更轻松。

静/思/小/语

每一段恋情都是一次成长，每一个昨天不快乐的你，才成就了今天可以顺利躲开痛苦的自己。于是，你学会了更好地驾驭一段感情。别让你的伴侣和你有太大的差异，否则，当爱情离开了婚姻，却还是两颗不能磨合在一起的心，生活就开始了漫无止境的痛苦。

美好的婚姻是两人同视一个方向

一个男人的一次杰作，必有聪明的女人的汗水淌在里面，两个人共同努力获得的成功总是让人更加欣喜。当爱情除了有相互的深情凝视，还能同视一个方向，坚定地守护彼此的理想，就算生活中有再多磨难，走过后都是甘甜的回忆。

做丈夫的好帮手

在梁思成对未来事业还毫无主意时，林徽因就已经决定了自己的奋斗方向，随后，有美术功底的梁思成也在林徽因的影响下逐渐喜欢上了建筑，梁思成的天赋、严谨、细致和耐心让他在建筑业有很高的成就。他完成的《中国建筑史》，成为中国的建筑学的奠基之作。

有人说，一个男人的一次杰作，必有聪明的女人的汗水淌在里面。

作为第一部中国人自己编写的建筑史，梁思成所付出的努力可想而知。可是没有妻子的默默帮助，就算他付出再多一倍的努力也不会完成。

林徽因思想活跃、主意多，常在他一筹莫展的时候为他提供灵感，妻子陪他到很多偏远的地方考察拍摄的图片成为《中国建筑史》的珍贵史料。

做林徽因一样的女人

1941 年，他们得到一个不幸的消息，存放在天津银行地下室的建筑考察资料几乎全部被毁。战前无数个日日夜夜的辛苦成果毁于一旦。当时在四川李庄躲避战乱的他们几乎绝望得要崩溃。物资的匮乏早就让他们的日常生活窘迫不堪，再加上这次的精神重创，梁思成脊椎病复发，林徽因的肺病越发严重。

他们痛苦过后决定不能放弃这本书的编撰。

梁思成决定就随身携带的资料，和营造学社的同事们一起全面系统地总结整理他们的调查成果，开始撰写《中国建筑史》。同时，用英文撰写说明并绘制一部《图像中国建筑史》。

看着丈夫没日没夜地写作，脊椎病发作时，竟拿一只玻璃瓶垫住下巴，林徽因就在床上靠着被子半躺半坐翻译了一批英国建筑学期刊上的学术论文，她还让丈夫从史语所给她借回来许多书，她通读二十四史中关于建筑的部分，来帮助丈夫研究汉阙、岩墓。

在《中国建筑史》这部著作里，营造学社 12 年来对中国古建筑的研究和考察得到了系统地归纳总结。全书共 8 章，梁思成把中国 3500 年的历史分为 6 个建筑时代，并对每一个时代的建筑遗存进行了清晰的介绍和论证。而林徽因承担了中国建筑史全部书稿的校阅，并执笔写了书中的第七章：五代、宋、辽、金部分。

梁思成在《图像中国建筑史》的前言中表达了对徽因的热爱和敬重："最后，我要感谢我的妻子、同事和旧日的同窗林徽因。二十多年来，她在我们共同的事业中不懈地贡献着力量。"

张清平在《林徽因传》中说出了林徽因对于梁思成事业的帮助，"思成所做的这一切，都融入了徽因的心血。徽因在测量、绘图和系统整理资料方面缺乏思成的严谨、细致和耐心，但在融会材料、

□ 病中的林徽因身子不那么难受的时候，就躺在小帆布床上整理资料，做读书笔记，为梁思成写作《中国建筑史》做准备。那张小小的简易帆布床周围总是堆满了书籍和资料。

描述史实的过程中能融入深邃的哲思和审美的启示。思成的所有文字，大多经过她的加工润色。这些文字集科学家的理性、史学家的清明、艺术家的激情于一体，常能见人所未见，发人所未发"。

在梁思成的眼里，这个美丽的妻子也是自己最亲密的战友。

《中国建筑史》上没有林徽因的名字，但是这对她来讲一点都不重要，在她帮助丈夫达成理想的那一刻，她所有的辛苦——收集资料、执笔写作、文字加工，到最后校对书稿，亲自用钢板和蜡纸刻印，都成了最值得回忆的甜蜜。他们夫妻的感情自然也因此更加深厚。

很多人都羡慕林徽因幸福的婚姻，却并不知道她同样也在用自己的努力和苦心回报着丈夫的宠爱。

他们举案齐眉、夫唱妇随成就了幸福婚姻的典范。

所以不要总是感叹别人的婚姻是如何幸福，其实从来就没有无缘无故的爱和感激。在一段幸福的婚姻背后，一定有女人无悔的付出。

很多时候，也许你只看到一个女人风光无限，却没看到她为了丈夫的理想独自承担家庭重担的艰辛。丈夫在她的支持和帮助下获

做林徽因 一样的女人

得成功，她的付出得到了最好的回报。

而只有这样的女人在家中才当之无愧地可以被称为女主人。

不让工作抢走他，就同他一起工作

很多女人总是抱怨自己的爱人因为忙工作而忽略了自己，林徽因从不会有这样的烦恼。

儿子梁从诫常常回忆起父亲和母亲的默契："……母亲在测量、绘图和系统整理资料方面的基本功不如父亲，但在融会材料方面却充满了灵感，常会从别人所不注意的地方独见精彩，发表极高明的议论。那时期，父亲的论文和调查报告大多经过她的加工润色。父亲后来常常对我们说，他文章的'眼睛'大半是母亲给'点'上去的……"

两人在共同的事业上碰撞出了太多的火花，也享受到了很多默契带来的快乐。

因为建筑业的特殊性，两人还常常一起外出考察，古老的建筑大多是在偏远的山区。

费慰梅在《梁思成和林徽因》一书中记载下了他们考察时的快乐：

我们在北京和思成在一起的时间是很有限的，但在峪道河他就是我们中间的一员了。我们四个人每天三顿饭都在一起吃，头一天我们就发现他爱吃有辣椒的菜。这个沉默寡言的人在饭桌上可是才华横溢的。我们吃饭的时候总是欢闹声喧……我们四个人很高兴地徒步或骑毛驴考察了附近的寺庙，远一些的地方我们就租传教士的汽车去。费正清和我很快就熟悉了丈量等较简单的工作，而思成则拍照和做记录，徽因从寺庙的石刻上抄录重要的碑文。

在很多年后，两人的体力和精力已经不允许他们像年轻时那样东奔西走了，他们就坐在床上一起回忆，曾经的风餐露宿的辛苦也变成了最甜蜜的幸福。

当女人和自己的丈夫一起融入工作中，不但可以帮助他获得成功，还可以和他一起分享工作的乐趣。两个人也因此有了共同创业、共同奋斗的幸福感，这样他们彼此更加密不可分、互相依赖。

美好的婚姻是两个人朝着同一个方向努力

爱情不光需要两个人彼此的凝视，更重要的是两个人能共视一个方向，能为共同的理想一起努力，就像对于梁思成而言，林徽因不单是自己风雨同舟的妻子，更是能一起奋斗的事业伙伴，林徽因的这两个不同的身份让她同梁思成的关系更加紧密。

两个人可以在物质生活方面匮乏，但在共同语言方面必须有契合点。虽然不是所有的夫妻都能从事相同的行业，可是和谐的夫妻至少有相同的价值观念。

就像钱锺书和杨绛，就因为他们的价值观相同，杨绛才愿意无条件地去支持对方的理想，即使要多承担家务琐事也毫无怨言。尤其是在理想实现之前，这样的支持尤其珍贵。如果不是对丈夫理想的认可她可能无法承受这样的辛苦。因为他们价值观相同，所以两

做林徽因 一样的女人

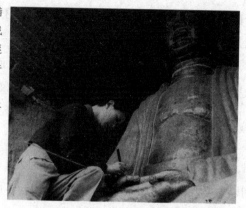

□ 林徽因对建筑充满了热情，甚至梁思成也是在她的影响下逐渐喜欢上了建筑，并最终在建筑业取得了很高的成就。图为林徽因在乐王山考察。

人并没有落入"贫贱夫妻百事衰"的俗套，反倒成就了珠联璧合、举世无双的美名。

当有了相同的价值观念，就顺理成章地克服掉很多生活上的阻碍。少了一些抱怨，多了一份理解，自然能顺利地渡过难关。

别林斯基说，爱情是两个亲密的灵魂在生活及忠实、善良、美丽事物方面的和谐与默契。

这里的和谐与默契并非是要两个人的性格一致，互补性格一样也能幸福。性格不一致价值观也可以一致，只有价值观一致才可能有共同的理想和追求。

婚姻是两个人坐在一起谋划人生，如果找到的是一个和自己价值观完全不同的人，这无异于找一个人和你整天相互鄙夷整天争吵。而这鄙视累积得越多、争吵越激烈，婚姻破裂的可能性就越大。

举个例子，如果一个妻子乐于追求生活品质，她希望拿出家庭收入的一部分去布置家里或者出去旅行，而她的丈夫却希望家里能多攒些钱，所谓的提高生活品质在他眼中不过是浪费。所以，在每

一次的支出上两个人就必然有着不可调和的矛盾。很难说谁是错的，只是两个人的价值观不同。

更可怕的是妻子积极上进、野心勃勃，而丈夫却淡泊名利、喜欢安逸，要么丈夫被妻子逼着去做自己不喜欢的事而郁郁寡欢，要么坚持己见被妻子嫌东嫌西没了尊严。

所以一定要在结婚之前认真地了解对方，可以用一些小事去衡量。尤其是在吵架之后，是变得更理解对方了还是只是一味地迁就。别以为忍气吞声就可以了事，一辈子很长，而忍耐力却有限。而一辈子又很短，别让分歧和争吵占满。

找一个能够同视一个方向的人，即使默默地做他翅膀下的风，也放手让他放飞自己的梦想，这样你就会得到一个和你心心相印的亲密爱人。

静/思/小/语

当两个人的相处不是磨合而是折磨时，要慎重考虑是否有在一起的必要。婚姻中的两个人不能同视一个方向，将成为彼此成长最大的阻碍，也会给人带来最大的心灵伤害。找一个和你有共同理想的人，你才可以甘愿做他翅膀下的风，他会带着对你最深切的爱和感激展翅高飞。

多数人为了能让爱情有更长久的保证，义无反顾地选择步入婚姻的殿堂。可是很多时候却只能留住长度留不住温度，当爱情渐渐地退去摄人心魄的光环，你总要想办法让婚姻禁住平淡的流年。

婚姻需要浪漫来点缀

有人说："婚姻是一道方程式，这是一道幸福和痛苦组成的一元二次方程。最理想的得数是幸福大于痛苦，最糟糕的得数是痛苦大于幸福，最普遍的得数是幸福等于痛苦。"林徽因努力地让自己婚姻中的幸福最大化。

有很多人质疑，是不是梁思成内敛的个性会跟不上林徽因诗意的脚步，从而使他们的婚姻生活变得枯燥？

实际上恰恰相反。梁思成内敛但并非不懂浪漫。在恋爱时，他总是有办法把她逗笑，他们一起逛太庙，刚进庙门梁思成就没了踪影，她正诧异，梁思成已爬上大树在喊她的名字。许多年后林徽因回忆起当时的画面，还是满脸的甜蜜。后来，在宾夕法尼亚大学上学时，梁思成小心翼翼地将自己的第一件设计作品做成林徽因喜欢的仿古铜镜，当他把这份礼物送给林徽因时，林徽因自然是满心欢喜。他们婚后的生活也充满了情趣。有时夫妇俩比记忆，互相考测，哪座雕塑原座何处石窟、哪行诗句出自谁的诗集。他们因为共同的爱好所以很容易有因为共鸣而产生的默契。

这从他们蜜月旅行中的对话便可略窥一二。在他们参观圣保罗大教堂时，梁思成问："你从泰晤士河上看这座教堂，有什么感觉？"

林徽因说："我想起了歌德的一首诗：它像一棵崇高浓荫广覆的上帝之树，腾空而起，它有成千枝干，万百细梢，叶片像海洋中的沙，它把上帝——它的主人——的光荣向周围的人们诉说。直到细枝末节，都经过剪裁，一切于整体适合。看呀，这建筑物坚实地屹立在大地上，却又遨游太空。它们雕镂得多么纤细呀，却又永固不朽。"

梁思成也赞叹道："我一眼就看出，它并非一座人世间建筑，它是人与上帝对话的地方，它像一个传教士，也会让人联想起《圣经》里救世的方舟。"

这是他们婚姻中风花雪月的浪漫，当然，他们也得面临柴米油盐的现实。

林徽因从小受到西方的教育，她的父亲也未打算把她培养成传统妇女，她在国外过的也是大学生的自由生活，所以当她真正面对婚后的生活时，生活的琐碎给她带来了很多烦恼，她的好朋友费慰梅回忆起当时林徽因的状态时说：

那时徽因正在经历着她可能是生平第一次操持家务的苦难，并不是她没有仆人，而是她的家人，包括小女儿、新生的

做林徽因 一样的女人

儿子，以及可能是最麻烦的、一个感情上完全依附于她的、头脑同她的双脚一样被裹得紧紧的母亲。中国的传统要求照顾她的母亲、丈夫和孩子们，她是被要求担任家庭"经理"的角色，这些责任要消耗掉她在家里的大部分时间和精力。

婚姻，要食太多的人间烟火。

1936 年，林徽因写信给费慰梅说：

> 对我来说，三月是一个多事的月份……主要是由于小姑大姑们。我真羡慕慰梅嫁给一个独子（何况又是正清）……我的一个小姑（燕京学生示威领袖）面临被捕，我只好用各种巧妙办法把她藏起来和送她去南方。另一个姑姑带着孩子和一个广东老妈子来了，要长期住下去。必须从我们已经很挤的住宅里分给他们房子。还得从我已经无可再挤的时间里找出大量时间来！到处都是喧闹声和乱七八糟。

林徽因被平凡琐碎的生活弄得有些六神无主，也是因为这样的烦闷才会和梁思成有些争吵。其实对于一个传统的女性而言，要接纳生活所赋予婚姻的现实意义会相对容易，而对于一个有自己的梦想、有自己的事业的新女性而言，确实会感觉有些懊恼。

人生需要浪漫，也要面对现实

其实要打败婚姻中平淡的流年，不仅需要打败乏味的浪漫，还需要有接受现实的智慧。

□ 林徽因的一生都是浪漫的，但她选择梁思成却是从现实的角度考虑的。林徽因聪明地将浪漫融入现实中，没有太刻意，只需在心中充满爱，懂得享受生活以及生活中的每一个瞬间，这样，她和梁思成也幸福了一辈子。

　　单调的婚姻生活需要浪漫带来活力，浪漫可以对婚后单调的家庭生活激起一种情绪调动，激起一种生活惊喜，激起一种生活激情，让双方能够经常沉浸在美好的感觉之中。

　　其实，有时候浪漫也不一定要如何大费周章。在某个情人节，一对老夫妻的情书感动了无数人："……老太婆，今天不带外孙了，出去吃，就咱俩，我在中山公园等你……"这是网络上一封质朴的情书，让众多网友集体泪奔，它出自一位年过花甲的老先生之手。网友都说，这一声"老太婆"抵过千句"我爱你"。婚姻生活里充满了锅碗瓢盆油盐酱醋的家常，如果再没有美丽的爱情来调剂，日子是多么难挨！婚姻不是爱情的终结，双方应该不断培养感情，让爱情在婚姻中得以深化和延续。

　　在短暂的浪漫过后，女人就会更有动力去处理生活中的诸多烦琐枯燥。女人要明白，你一定得带着一颗包容、宽容、理解的心去接受现实婚姻，家务事堆积，洗不完的衣服刷不完的碗，下班回家

做林徽因一样的女人

很累，可还要为填饱家里人的肚子再忙两个小时，卫生间需要天天打扫，而男人不讲卫生、东西乱放……

其实你也完全有理由埋怨指责，带着怨气不满去对待你身边的人，于是你很快地变成了黄脸婆，生活永无出头之日。

很多女人都是怀着自己对婚姻完美的理解去解读婚姻，她们不知道生活真正的样子，不甘心在这些普通的日子里消耗自己的青春，于是从梦中的彩云重重地跌落到人间的尘埃。

"80后"的爱情总是轰轰烈烈的，而他们的婚姻却也总是惨不忍睹的。很多婚前爱得死去活来的"80后"在结了婚以后却成了一对怨偶。

有一个刚结婚不久的丈夫这样埋怨："当初结婚装修房子的时候，我和妻子之间的矛盾就开始出现了，妻子的牢骚逐渐多了起来，对于我对房子装修的一些想法和做法，总是不停地埋怨，嫌我没有品位啦、做事情不用心啦之类的，我真的什么也不管了，全权让她安排处理。她又怪我对家里的事情一点也不上心，从那个时候开始，我就意识到妻子变得有些难缠了……我和妻子之间从来就没有发生过任何事情。我不是个拈花惹草的人，妻子更是一颗心都在这个家上，如果知道问题出在哪里，我也还知道该怎么解决，但偏偏一切都看起来没有什么问题。"

他眼中的妻子很快变成了祥林嫂，发现老公身上的毛病很多，就变得婆婆妈妈，大事叨唠，小事也叨唠；坏事叨唠，好事也叨唠；没事要叨唠，有事更叨唠，让男人不得安宁。本该放松身心的家却成了冰冷的战场。

其实他口中的妻子也有自己的无奈，什么事情都得自己亲力亲

为，把自己所有的时间、所有的精力都放在本应该由丈夫承担的责任上，抱怨还得不到老公的心疼，反而让彼此的距离越来越远。打败他们婚姻的竟是琐事引起的感情危机。

一桩完美而又成功的婚姻，其实就是看你有没有智慧来处理好这些小事、处理好自己不平衡的心理。

女人得首先改掉爱挑剔的缺点。你不懂得赞美人，男人不管做什么你都能挑他的毛病，这只会打消他的积极性。男人天生和女人不同，他们比较宏观，而女人比较细致，所以在处理家务上，男人自然没有女人做得完美。适当的赞美而不是指责他才能更加乐于帮你分担家务。如果男人承担着家里的大部分经济来源，他在外面打拼得又十分辛苦，就不要太指望他承担大部分的家务。什么都不用你付出，家中女主人的地位也不会太稳固。

家务既然做了，就把它当作一种乐趣、一种挑战，然后再带着一颗现实的心去追求我们心中浪漫美好的生活。你可以把音响打开听着自己喜欢的歌曲，一边哼着歌一边收拾家务、洗衣晾衣也不失为一种浪漫；为辛苦后的自己买点礼物犒劳一下也能少一点埋怨和抱怨。

做些家务刷几个碗不会让你变成黄脸婆，那些任由岁月的风霜划过脸庞，在家里蓬头垢面、又爱唠叨爱抱怨的才是黄脸婆。

处理好现实生活中的琐事不但不会让你变得不感性，反而会让你有更多的时间和心情去制造浪漫、享受浪漫。女人要在最普通的日子里感受到不同，在年复一年的重复中给自己找到乐趣，把日常琐事理顺，将夫妻矛盾解决掉，充满热情地把浪漫蔓延到自己婚姻的每一天。

做林徽因一样的女人

别让沉默"断送"了婚姻

婚姻平淡的流年中不但有日常的琐事带来的烦恼，婚后沉默症其实也是婚姻的一种不和谐状态。恋爱时，曾经有聊不完的话题、说不完的心事，可是结了婚以后，两个人说话的时间却越来越少。也许是太了解，也许是能分享的共同话题只有来自生活的烦恼。总之，两个人缺乏交流的动力，从婚前的千言万语到婚后的三言两语，两个人渐渐变成了最熟悉的陌生人。

别以为这种沉默习惯了，就可以称作默契，"不在沉默中爆发，就在沉默中灭亡"，于沉默中酿成的危机很可能连挽救的余地都没有。

有一次，沈从文恰恰因为高调爱慕高青子，跟妻子张兆和闹得很不愉快，他写信向教母林徽因诉苦。林徽因这样安慰道，"在夫妇之间为着相爱纠纷自然痛苦，不过那种痛苦也是夹着极端丰富的幸福在内的"，所以，夫妻争吵，是因为彼此在乎，"冷漠不关心的夫妇结合才是真正的悲剧"。

夫妻双方要学会沟通。就像林徽因坦率地向梁思成说明自己的心意，反倒平稳地解决了危机。其实，漫长的一生，忽然有一天有一点心猿意马并不可怕，可怕的是任由它在心中发酵，疯长，最后连自己都无法掌控。

那些整天吵架的夫妻都好过这种有气闷在肚子里的夫妻。争吵至少表明还有热情，有勇气真诚地交流。而这种不去表达不去回应的默不作声，仿佛一切都已心灰意冷，覆水难收。

有一项调查结果显示出了男人沉默的原因：有的人想用沉默"抗议老婆的絮叨"；有的人想用沉默来"调整身心压力"；有的人用沉默来进行"隐藏私密"。

对于35~45岁的男性沉默族，最主要的原因是用沉默抗议老婆的唠叨。而"80后"一族则更多的是为了调整身心压力和用沉默来隐藏私密。

所以作为女性来讲，如果要打破男人的沉默，不如少一点唠叨，话多不代表沟通有效，让自己的话能更好地被他听到，就得让自己的观点有理有据、站得住脚。给对方一些机会表达观点，也许他也愿意说出自己的心里话。

男人不仅仅是靠物质生存下去的。事实上，他们更渴望得到一块爱的蛋糕，而且也更需要女人们在上面加上一些甜甜的奶油。因此，女人，不要害羞，也不要苛求，大声地向你的丈夫表达出你的爱和幸福感，这会让你的家庭生活变得幸福美满。我们要懂得珍惜当下的幸福，不要等到失去了才追悔莫及。

静/思/小/语

很多人认为爱情走进婚姻就算安全了，其实恰恰相反，婚后的现实生活才是爱情最大的敌人，它会无声无息地磨掉所有的激情，让原本相爱的两个人成为最熟悉的陌生人。所以，即使走进婚姻，还要努力地不断发展类似婚前的那种恋情，才可以从平凡的生活中找到乐趣，才能从生活的烦琐中体味到婚姻的幸福。

像林徽因 🌹 一样的女人

第五章

红颜不失志，梦想在心中流淌

——在乐业中雕刻时光

女人要有自己的事业

林徽因所生活的年代，大多数女性还未摆脱性别的束缚，就算能外出工作也常常局限于一些特定的行业，如教师、医生等。

林徽因是幸运的，她生在开明的家庭，她可以凭借兴趣选择自己所奋斗的事业——建筑，并将满身的书卷清香融合到此项事业中，创造出可以站在时代最高峰的成就。

青春易逝，工作的魅力日久弥香

在哈尔滨大学美术系学习的林徽因，通过自己的努力成了该校建筑系学生的助理教员，这应该是命运对她学业的第一次肯定，后来，由于她工作出色，在 1926 ~ 1927 学年又升为该专业的业余教师。

她的建筑事业生涯，是从教育做起的。

1928 年，梁思成、林徽因回国，受聘于东北大学建筑系，分别为主任、教授。林徽因授课很讲方法，她会带着学生去爬东大操场后山的北陵实地观察，然后引导学生独立思考。东北大学建筑系还处在婴儿期，教学任务繁重，林徽因经常给学生补习英语，天天忙到深夜。在她教过的 40 多个学生中，出现了刘致平、刘鸿典、张镈、赵正之、陈绎勤这些日后建筑界的精英。

在授课之余，林徽因和梁思成忙着到处考察沈阳的古建筑，每天的绘图测量非常辛苦，但这都在林徽因的意料之中，建筑不是只去欣赏就能领悟的，它更需要一种严谨的科学考察精神。

在建筑系的教学逐渐走上正轨后，梁思成还和几位老同学成立了"梁、陈、童、蔡营造事务所"。他们承揽的建筑工程有吉林大学总体规划、教学楼和公寓楼的设计，交通大学在辽宁锦州开办的分校校舍、沈阳郊区的"萧何园"等建筑。林徽因自然也参与其中。

后来，东北大学征集校徽，林徽因设计的"白山黑水"图案，因为兼具图形美观和内涵深刻两项特点而一举夺魁，拿下比赛的最高奖。

这次设计的成功再一次证明了林徽因非凡的设计才华。为此，家里人还特地找来朋友庆祝。

梁思成和林徽因在东北待了两年后返回北平。林徽因的主要研究方向是古建筑，所以，她在以后的日子里将自己大部分的时间都用在外出考察上，这些积累最终帮助他们先后完成了《中国建筑史》和英文《中国建筑史图录》。

新中国成立，国家征集国徽的图案，林徽因又一次凭借非凡的实力用自己设计的成果征服了所有的评委，所以，我们现在看到的国徽曾倾注了一个在当时身体及其虚弱的女人的所有心血。这次设计，也成就了林徽因事业上的又一个辉煌。

保护景泰蓝的技术、设计人民英雄纪念碑、参加中南海怀仁堂的内部装修设计、为清华大学建筑系成立运筹帷幄，她在她所钟爱的事业上建起一座又一座丰碑。

林徽因将一个女性的自立智慧展现到了极致。

她在自己所钟爱的事业上释放了自己的追求，并品味着成就带来的巨大满足和快乐，她的脸上总是洋溢着自信的光芒，自然吸引

了众多爱慕者的眼光。

就是在她被病魔折磨得只剩一把骨头时，她的谈吐仍然不俗，尤其是谈起建筑更是眉飞色舞。

对事业的追求成就了她厚重的人生，事业不老，青春不老。

即使容貌不再娇媚，她身上所散发的魅力依旧，她的创造力、她的勇气让她由内而外透着年轻和美丽。

事业是女人自信最大的来源

我们经常会说，自信的女人最美丽。可是，这自信到底源于哪里？

很多女人认为应该源于年轻貌美，所以在保养自己的身材、相貌上不惜重金。美丽的容颜的确让人赏心悦目，可是任何女人都无法永远保持二三十岁的体态和容貌，人老珠黄那一天岂不是信心全无？其实装扮得年轻漂亮很多时候都是为取悦于异性，将自己的信心建立于装扮外表，更准确地说，这样的女人以爱情为自己的第一理想，把男人当成毕生奋斗的事业。这样沦陷于爱情很容易失去自我，更谈不上自信。

失去自我，女人会为脸上小小的斑点而耿耿于怀，会追着满街的流行元素而随波逐流，她会为男人的背叛而一蹶不振，因爱情远去而痛不欲生。

所以，女人必须要有高于爱情的第一理想，放下男人，学会守护自己内心的梦，给别人自由，也找到自己的自由，才是爱情的出路，才是自己的出路。

所以，女人的自信只能依凭于事业有成，女人没有事业就没有

□ 林徽因从来没有把时间浪费在无聊的事情上，也没有因为抚养儿女、支持丈夫、操持家务而放弃自己的事业。她在做好一个贤妻良母的同时，仍坚定地活在自己的状态里，从未违背自己的处世原则。

自立的基石，没有经济上的独立就没有人格上的完全独立，也就无法充分维护自己做女人的尊严。

就像张幼仪，前半生的她将家庭视为自己生命最重要的存在，她不管丈夫的鄙视，不埋怨丈夫的怠慢，已经蛰伏成一种卑微隐忍的姿态，却也无法留住丈夫的心。徐志摩的心从未在这个"小脚"女人身上，他的婚姻是为了遵从父母抱孙子的愿望，至于他本人，对于这样毫无个性的传统家庭女性毫无兴趣。张幼仪深受旧式中国礼教的束缚，个性沉默坚毅，举止端庄，料理家务、养育孩子、照顾公婆、打理财务都甚为得力。但是这些优点，在张扬独立、个性自我的诗人眼里则是没有见识、呆板乏味。

她的第二次怀孕并未改变丈夫那张写满了反感和厌恶的脸，丈夫要求离婚，她只能颤抖着双手在离婚协议书上写上自己的名字。

她以为可以依靠一生的男人离开的身影是如此急切决绝，他从未真正地注视过自己，他爱的是自由浪漫的新女性。

22岁的张幼仪知道，再悲痛人生也得继续。张幼仪带着一颗破碎的心，辗转德国，她已经经历了人生悲惨的遭遇，漂泊异乡的苦楚根本就算不了什么，去德国以前，她凡事都怕；到德国后，她反倒变得一无所惧。

她边工作边学习，并进入裴斯塔洛齐学院，专攻幼儿教育。张幼仪在异国他乡逐渐找回了自信。5年后张幼仪回国，说一口流利德语的她在东吴大学做德文教师，在四哥张嘉璈的支持下出任上海女子商业银行副总裁。与此同时，八弟张禹九与徐志摩等四人在静安寺路开了一家云裳服装公司，张幼仪又出任该公司的总经理，经营能力得到极大发挥。

张幼仪的精明、干练、勇敢逐渐显露，她找到了人生的支撑点，她自信地昂起头，靠着坚强和拼搏，闯出了男人都望尘莫及的事业，当她以一位干练的现代女性面孔出现在徐志摩的眼前时，徐志摩眼中的"乡下土包子"绽放出了迟来却异常夺目的魅力。

从这时起，他以她为荣。

张幼仪终于能化茧成蝶，生活中所有的辛酸和悲哀变成前进的动力，最终，她赢回了世人的尊重。

她说：这一生，应该没有什么值得害怕的事情了。

她的坚强和勇敢让她变得强大、从容而自信。

1953年，在征得儿子徐积锴的同意后，53岁的张幼仪重新披上婚纱，与香港名医苏季子步入婚姻的殿堂，彼此相伴，走完了幸福的晚年生活。

22岁之前的她在徐志摩的眼中平凡得几乎找不到任何特点，22岁后的她却用自己的成就、自己的事业彰显出自己独特的价值。

她不再是寄生虫、附属品，她是社会有建设性的一员，所以她的面孔独特而张扬、美丽而清晰。

张幼仪以自己的智慧完成了一次凤凰涅槃。

她也用自己的经历向世人展示了一个女人成长的史诗，告诉世人一个女人要怎样才能彰显出自己的价值。

对女人来说，必不可少的素质并非美貌与风韵，而是能力、勇气，以及把意志化为行动的魄力。女人的自信来自于奋斗之后的或大或小的成就。

人是社会的动物，人需要有伴，有族群认同，有精神交流，才会觉得安全、充实和开心。如果女人不去开展自己的事业，就斩断

了自己同外界有效交流的机会，无法得到他人的认同，长此以往，自然会感觉孤独、失落。

女人只有通过尽情挥洒辛勤的汗水，在一次次的选择、失败、努力后才会变得更加强大、更加自信。

当她拥有无穷的生存智慧和荣辱不惊的淡定后，她可以素面朝天地向世人展示自然的美丽时做到神情自若，而不是去用玻尿酸打出一张紧绷绷却僵硬的脸强颜欢笑。

让事业为女人的婚姻加分

"一个拥有目标的人是踏实而幸福的。"因为当一个人没有目标的时候，他是茫然的、没有落点。踏实地忙碌总好过空洞地幻想，即使仰望星空，也要脚踏实地。在每一个浪漫的思想下，应先垫起一块坚固的石头。

从柳树碧波的剑桥到辽阔宽广的东北，从战火连天的北京到偏居一隅的云南，林徽因和梁思成携手走过数十载的风风雨雨，他们如此坚定地站在一起，为他们共同热爱的事业并肩奋斗着。

他们共同努力、共同快乐，有时也会因为理想受阻相拥落泪，生活中这些难得的默契更多的是源于共同的事业。

是事业的成就将林徽因的人生推向另一种极致。

认真加上几分执着，全神贯注的投入，优雅的张弛感，让她的魅力无限。

她体会了工作的艰辛和压力、失败背后的痛楚，所以她更能包容爱人坚强背后的脆弱，不堪重负的苦恼和不被理解的困惑。

做林徽因 一样的女人

于是失败无奈时两人可以相互鼓励，在成功喜悦时共同庆贺。

懂得后的慈悲才是女人拥有事业最大的收获！

这时的女人不再苛求男人去做完人，很多全职太太虽然知道丈夫的辛苦，可是长时间的晚归，女人在家默默地等待渐渐地就会有很多抱怨，她所理解的工作打拼总是会比事实轻松得多，丈夫在事业上经历的风雨她也不能理解，这逐渐导致对于丈夫的要求会越来越高，也越来越不懂包容。

如果是一个同样为事业拼搏的女人，可能她的宽容度就会更大，游走职场的女人能深刻地体会到成功的不易，也就更懂得爱和包容。

事业中的女人知道，很多时候付出和收获不一定成正比，于是很容易练就荣辱不惊的淡定，没有工作和事业的女人会常常杯弓蛇影，男人的事业有一点风吹草动就很恐慌。

因为这是家里唯一的经济来源。

现代社会竞争激烈，没有谁的饭碗永远稳妥，如果家里只有一个人工作，他的工作压力会更大，家里面临的风险也越大。可是如果两个人都有收入，那对于家庭来讲就是双保险，而他的压力也会减小。即使其中一个人的事业出现状况，也不会对家庭造成毁灭性的打击。所谓的同舟共济，风雨与共并不只是说你要在他失败时不离不弃，而是，他失败了要暂时休息，而你可以承担起家庭的责任，不让家庭饱受风雨。

两个人共建人生，除了爱情信念外，还应该付出实际行动。除了对他嘘寒问暖，照顾他的饮食起居外，你还得和他分担风险。

作为妻子，要有工作的能力和解决家里实际问题的能力，所谓的支持不是口头上的一句轻飘飘的肯定。

就像两条搁浅在岸边的鱼，能够相濡以沫固然值得尊敬，但是，如果有一条鱼能够凭借自己的能力让它们共同游回大海不是更圆满吗？

即使你的家庭不会遭遇什么困境，但是，丈夫总是需要你真正地了解、体恤。就用你在事业中练就的洞察一切的眼光，去包容去善待他所有的辛苦！

静 / 思 / 小 / 语

懂得经营家庭的女人是幸福的，但拥有事业的女人是优秀的。女人忙碌的姿态能给旁人一种紧迫感与佩服之情，事业中的女人更能深刻地体会到成功的不易，也就更懂得爱和包容。

做林徽因 一样的女人

不付出辛苦怎么
收获幸福

梦想的实现、事业的成功
能让女人拥有无穷的生存智慧
和荣辱不惊的淡定，也让她收
获幸福的婚姻和世人的称赞。

可是每一段风光的背后，都有
你看不见的沧桑。她的忙碌、
她的辛苦、她的付出最后才成
就了那份自信优雅的从容。

不要在最能吃苦的年纪选择安逸

有很多人说，林徽因和陆小曼命运的最大不同源于她们选择了
不同的婚姻对象。其实，更重要的是，她们对待生活的态度，林徽
因吃得别人吃不了的苦，而陆小曼却只能在安逸的环境中做一朵仰
仗他人的菟丝花。

陆小曼的父母从小对她很娇惯，再加之家境殷实，所以她有着
贵族小姐的任性与奢华，前夫王赓身居高官，俸禄丰厚可以让她养
尊处优，后来同徐志摩一起生活，她不肯纡尊降贵吃一点点的苦，
衣食住行依旧样样都讲排场，租了一套豪华的公寓，每月 100 大洋，
14 个佣人进进出出，她需要漂亮的衣服，吃精致的菜肴，赶夜场的
舞会，听戏、打麻将，每月至少要花掉五六百大洋，这样庞大的开
支让徐志摩挣扎得很辛苦。

徐志摩自己舍不得买衣服，穿着破了洞的衣服。徐志摩授课、

Zuo Lin Hui Yin yi yang de nü ren

173

□ 陆小曼像。相比于陆小曼，林徽因更像一棵比肩的木棉树，不依附、不攀援，所以无论何时都能绽放自己的精彩。

撰稿，倒卖古董字画，奔波在北京与上海两地，可是挣的钱还是不够陆小曼花。

她从不考虑徐志摩的辛苦，不去为他分担压力。如果她肯节俭一点，也许对她来讲是"吃一点点苦"，也不至于让徐志摩后来沦落得四处向朋友借钱，拆了东墙补西墙，颜面扫地。

在徐志摩去世之后，她本应该同自己暧昧的蓝颜知己翁瑞午划清界限，可是她还是因为生活压力，不得不再次依仗翁瑞午。

陆小曼在年轻的时候有资本去享受，她不肯吃半点苦头，可是在一系列的变故之后，她发现自己根本没办法用自己的双手去创造自己的生活，所以她要靠男人来维持生计，要男人为她疲于奔命。所以有人会赞美她的才华和美丽，却不会发自内心地去钦佩她的为人。

做林徽因 一样的女人

其实，陆小曼才华十分出众，英文、法文都很精通，她有着艺术家特有的天赋与敏锐，诗歌、绘画、小说、戏曲、书法无一不精，她也曾留下了一些散文、小说，还有画作，看过的人都赞叹她的才华，可是陆小曼懒散成性，如果她肯像林徽因那样勤奋刻苦，她或许会有更高的成就。因为教过陆小曼的老师无一不说她学东西一点就通，一日千里。

可是就因为没有恒心和毅力，制约了她天赋的升华。

而林徽因为了成就一番事业，做一个对社会有用的人，年轻时就放弃锦衣玉食的优越生活，选择追随夫君，为共同的理想不怕艰苦，最终在建筑史上留下了辉煌的一笔，留下了一个女人丰沛的人生价值，也获得了世人的敬重。

所以，年轻的女孩们，别再还没开始奋斗前就向现实缴械投降，所谓的安逸只能保证一时的不辛苦，而不是一世。

因为除了自己，没有人给的安逸是坚不可摧的。过早地收敛了自己的斗志，在最能吃苦的时候寻求了安逸，注定要在以后为自己的错误决定买单。

即使命运给了你能干的丈夫和优越的生活，也不要年纪轻轻就只懂得享受，其实，人生很多快乐不是只有安逸舒适才能带来的。

这就是为什么有些女人在嫁给富商后还要为自己的理想打拼，她们知道，经过自己的努力得到成就的喜悦是任何东西都代替不了的。而俗世的感情最现实的一面就是：你有价值，你的付出才有人重视。只有自己值得被爱，你爱的那个人才能看到你的存在。

也许，即使通过自己最大努力的经营，也难以预测婚姻到底

可以走多久，因为一段感情的走向是未知的，有时候，那个人决意离开，就怎么也拉不回来。但是，自己的能力是踏踏实实的，是谁都带不走的。只要有能力证明自己，就会有人带给你不一样的爱情。

所以，在能吃苦的年纪要多拼搏，练就好自己的本领，这才是能够幸福一生的法宝。

吃别人吃不了的苦

当林徽因收获众多非凡成就的时候，很多人称赞她的才华，羡慕能为她提供学习机会的优越家庭背景，却很少有人看到，除了所谓的天赋才华，她付出了常人难以想象的努力，吃了很多女性根本吃不了的苦，才有了这样辉煌的人生。

旅／途／中

——林徽因

我卷起一个包袱走，
过了一个山坡子松，
又走过一个小庙门
在早晨最早的一阵风中。
我心里没有埋怨，人或是神；
天底下的烦恼，连我的
拢总，
像已交给谁去……

前面天空。
山中水那样清，
山前桥那么白净——
我不知道造物者认得不认得
自己图画；
乡下人的笠帽、草鞋，
乡下人的性情。

林徽因生在一个比较富足的家庭，父亲很开明，又格外喜欢这个天才女儿，所以，她的物质生活从不匮乏，可以算作是富养起来的女孩。

　　可是这个女孩却要坚定地选择一个注定要吃苦的行业——建筑业。

　　在对古建筑的考察中她吃了很多苦，她有时用诗一样的情怀写下旅途中的美好。

　　她有时也会对旅途中的种种辛苦发发牢骚。梁思庄曾保存了一封1936年夏天林徽因在野外写给他的信，信中生动形象地描写了她的外出考察生活：

　　　　来后还没有给你信，旅中并没有多少时间，每写一封到北平总以为大家可以传观，所以便不另写……出来已两周，我总觉得该回去了，什么怪时候赶什么怪车都愿意，只要能省时候。尤其是在这几天在建筑方面非常失望，所谓大庙寺不是全是垃圾，便是代以清末简陋的不相干房子，还刷着蓝白色的"天下为公"及其他变成机关或学校。每去一处都是汗流浃背的跋涉，走路工作的时候又总是早八至晚六最热的时间里，这三天来可真真累得不亦乐乎，吃的也不好，天太热也吃不大下，因此种种，我们比上星期的精神差多了……

　　在另外的一封信中她还写道：

　　　　整天被跳蚤咬得慌，坐在三等火车中又不好意思伸手在身上各处乱抓，结果浑身是包！

　　做林徽因 一样的女人

□ 林徽因、梁思成考察古建筑途中。考察中国古建筑，必定是一项艰苦的工作，舟车劳顿只是其中的一部分。对发现的古建筑进行拍照、测量、绘图、整理，也远非容易的事情。

　　虽然有抱怨、不适应，但是她还是没有停下考察的脚步，从1930年到1945年，梁思成、林徽因夫妇共同走了中国15个省、200多个县，考察测绘了200多处古建筑，留下《论中国建筑之几个特征》《晋汾古建筑预查纪略》《中国建筑史》等珍贵的建筑学史料，为中国建筑史的发展写下了浓重的一笔。河北赵州桥、山西应县木塔、五台山佛光寺等很多古建筑通过他们的考察让世界认识了它们，从此被保护。

　　两人的朋友回忆："梁公总是身先士卒，吃苦耐劳，什么地方有危险，他总是自己先上去。这种勇敢精神已经感人至深，更可贵的是林先生，看上去那么弱不禁风的女子，但是爬梁上柱，凡是男子能爬上去的地方，她就准能上得去。"

　　他们在战乱时不能再四处奔走，就开始着手写作，借着菜油灯摇曳的微光弓着背一字字地书写，那个与世隔绝的小村没有印刷工具，他们必须手写和用最原始的石印。

　　林徽因的肺病又发作了，她每天依然靠在被子上工作，书案上、

病榻前摊满了数以千计的照片、草图、数据和文字记录。

因为有着这样的辛苦的付出、这样踏实的积累，才换来令人瞩目的事业上的成就。同时，她也用自己的才华和辛苦赢得了梁启超的欣赏、梁思成的包容、徐志摩的爱情、金岳霖的守护。

苦难并非坏事，除非它征服了我们。在困难面前，如果你放弃了，那你永远也不会品尝到成功的甘甜。

苦从来都不会白吃的

世上没有白吃的苦。每吃一份苦，你就为自己未来的成功和辉煌积攒了一点儿本钱。

曾有这样一个故事：

大漠上，某位王公有大量的马匹和羊群，他需要牧童帮助他牧马和牧羊。他找来两个牧童，将任务分给了两个孩子，强壮的孩子去牧马，因为马的食量大得惊人，牧马要跑很远很远的路，而且马的性子又暴烈，牧马显然要比放羊辛苦得多。另一个瘦弱的孩子自然去牧羊。

可是强壮的那个孩子却用自己的拳头欺负同伴，把辛苦的差事——牧马，交给了那个瘦弱的孩子，瘦孩子本来一点也不情愿，可是，瞧瞧同伴健壮的身板和露出凶光的双眼，他只好答应。

当瘦孩子回家把心里的委屈告诉给妈妈，母亲安慰他说："孩子，你可能从此要比同伴多吃一些苦。可是，一个人吃苦不会是无缘无故的，有的人是在为今后的幸福付出。所以，你不要为吃苦而抱怨。"

孩子似懂非懂，不管怎样得努力地完成自己的工作。

做林徽因 一样的女人

在强壮的孩子悠闲地看管一群温顺的小羊时，他却从马背上摔下，被暴雨淋湿，每天要跑近百里的路到草原牧马。

就在这一天天的磨炼中，就在这一天天的辛苦中，他的身体越来越强壮，骑马的技能也变得炉火纯青。

后来，瘦孩子因为身手矫健，被主人相中做了护卫，他又能吃苦，最后成为闻名一时的纵马驰骋的将军。这个瘦孩子就是成吉思汗的御前虎将——哲别。

而他的同伴却做了一生的羊倌。

其实，生命的坎坷是我们必须要做的功课，那些绊倒我们的障碍是为了让我们了解人生。曾经的你因为看不懂命运的安排，会痛苦、流泪、愤怒、怨恨，可是只要你在这坎坷中不曾放弃，能一路走下去，命运就会告诉你这些挫折的真正意义，而你所有的苦都不会白吃的，它是为了成就你，让你的人生更完整，让你更有能力幸福。

所以，越努力的女人越幸运，那些经历过坎坷，更能吃苦的女人得到了命运的眷顾。

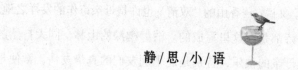

静/思/小/语

世上没有白吃的苦。吃苦是我们走向成功的必经之路，每吃一份苦，你就为自己未来的成功和辉煌积攒了一点本钱。没有吃苦的精神，就无法战胜前进道路上的种种苦难。如果你在应吃苦的时候寻求了安逸，这或许能保证一时的不辛苦，但不是一世。

从文学中淘获情意
深切的雅趣

如果说建筑事业是林徽因对于使命的坚守，文字大约是她来自性灵深处的诗情。她把美好的情怀幻化成微妙的文字，作为清丽无双心灵的独语。理想、情感受阻却又不能自己，她试着用精妙的文字去畅叙幽情，却不经意间，为中国现代文学史上留下极具美感的一笔。

穿越岁月的灵性之光

"我说你是那人间的四月天，笑响点亮了四面风；轻灵，在春的光艳中交舞着变。"林徽因用充满真挚的情感和天然的灵气，留给世人一个永恒的四月天。据梁从诫回忆，1928 年从美国留学回国，"此后不久，母亲年轻时曾一度患过的肺病复发，不得不回到北京，在香山疗养"。又说："香山的'双清'也许是母亲诗作的发祥之地。她最早的几首诗都是在这里写成的。清静幽深的山林，同大自然的亲近，初次做母亲的快乐，特别是北平朋友们的真挚友情，常使母亲心里充满了宁静的欣悦和温情，也激起了她写诗的灵感。从 1931年春天，她开始发表自己的诗作。"

一个人的阅历决定了一个人的深度。林徽因用独特的文字显示出了灵魂的深邃。重温林徽因那些文字精美的动人诗篇，依旧能感觉到闪烁其中的生命的智慧。

做林徽因 一样的女人

林徽因的每一首诗都与自然和生命息息相关。她的诗歌受到英国唯美派诗人的影响，在早期体现得更加明显。作品中的浓郁的唯美倾向，彰显了她特有的柔美浪漫。每当这美丽的诗句轻轻被诵读，她作为诗人的天赋就已经被深深认同。

女人需要一种媒介展现自己的美好情怀，将平淡的日子演绎得生动多姿，也许文学是个不错的选择。

波动在世事沉浮中的情感有时难以宣泄，文学可以变成一种寄托和誓约。借着文字，女人可以编织自己心中隐秘的梦幻，展现出别样的人生魅力。将沉静在心灵的一角的哀愁用文字构建，就可以在失落中得到慰藉、在困惑中得到释放。

清丽的文字是温润心灵的独语，激扬的文字收获情感宣泄的快意。

文字可以将一段时光稳妥地安放，让美好不在记忆中褪色，也可以将过往梳理，把智慧留存于心。

倾心于文字的人，生命充满色彩，并富有独特的个性。热爱文字的人，在文字里延续生命、延伸梦想、延长历程。

所以，林徽因在时代的潮流中，以独特的儒雅气质，始终保持着一种与众不同的韵味。她用诗歌去表现深邃的情愫，同时也使她多出了一份经过沉淀之后的宁静和节制。

用一点时间去醉心于文字的美妙，让生活处处充满了风景和诗意，处处散发着芬芳和幽香。让灵魂躲避红尘的喧嚣得以在俗世中有片刻的超脱，让浸润着泪水和欢笑的文字幻化为滋润心灵的甘泉，静静地独享那份神韵飞扬的诗意感觉。

那 / 一 / 晚

——林徽因

那一晚我的船推出了河心，
澄蓝的天上托着密密的星。
那一晚你的手牵着我的手，
迷惘的星夜封锁起重愁。
那一晚你和我分定了方向，
两人各认取个生活的模样。

到如今我的船仍然在海面飘，
细弱的桅杆常在风涛里摇。
到如今太阳只在我背后徘徊，
层层的阴影留守在我周围。
到如今我还记着那一晚的天，
星光、眼泪、白茫茫的江边！
到如今我还想念你岸上的耕种：
红花儿黄花儿朵朵的生动。

那一天我希望要走到了顶层，
蜜一般酿出那记忆的滋润。
那一天我要持上带羽翼的箭，
望着你花园里射一个满弦。

184

那一天你要听到鸟般的歌唱，

那便是我静候着你的赞赏。

那一天你要看到零乱的花影，

那便是我私闯入当年的边境！

林徽因写这首诗时，她的人生逐渐成熟，她和梁思成于 1928 年正式步入婚姻的殿堂，而徐志摩也离了婚又再婚，他们对彼此的感情已经逐渐释怀，也许还有一些迷恋，也是出于对对方才华的欣赏，他们已经能够理性地对待情感。林徽因将过往情愫用优美的格律加以表现，并将这一段隐秘情感含蓄地表现于诗中。从这时起，林徽因又陆续发表了一些散文、小说和剧本，很快引起文坛的注意。

力透纸背的底蕴

对于《你是人间的四月天》的解读，很多人一厢情愿地认为诗中的"四月天"指的是徐志摩。而林徽因说，这是送给一个可爱新生命的"爱的赞颂"。

"你是一树一树的花开，是燕在梁间呢喃——你是爱，是暖，是希望，你是人间的四月天。"这分明是一位被母爱充盈的女性，她用轻风、细雨、星子、雪化后的鹅黄、初绿的芽、白莲等多个明媚的意象，将初生的婴孩比喻得如天使般纯洁、神圣。她不歌颂母爱的义无反顾，她只用浓浓的爱意去注视自己的孩子，她的眼中越是洋溢美好，也越能感受到身为温婉母亲的蕙质兰心。林徽因本身就有天然的诗人的灵气，当她阅尽人间沧桑，她用遒劲的笔写下生命的顿悟。

飘摇／它高高的去／逍遥在／太阳边／太阳里／闪一片小脸／但是不／你别看错了／错看了它的力量／天地间认得方向／它只是／轻的一片／一点子美／像是希望／又像是梦……

她用唯美的笔调低沉婉转地表达崇高的情感。字里行间宛如山涧潺潺流淌着的溪水，清丽动人。

林徽因不但诗歌写得好，散文、小说、戏剧、杂评的水准也颇高，她被北平女子文理学院聘请讲授《英国文学》课程，负责编辑《大公报·文艺丛刊·小说选》，同时担任《文学杂志》编委。

萧乾说："她又写、又编、又评、又鼓励大家。我甚至觉得她是京派的灵魂。"

作为一名建筑学家，林徽因也许无意在文学领域做出多大成绩，她不过是"行有余力，以至于学文"，文学是林徽因事业规划之外的额外收获。她用过人的文学天赋去阐述建筑学的理论，使原本晦涩难懂的理论变得格外生动。

林徽因同梁思成于 1932 年共同撰写了《平郊建筑杂录》。林徽因在开篇写道：

这些美的存在，在建筑审美者的眼里，都能引起特异的感觉，在"诗意""画意"之外，还使人感到一种"建筑意"的愉快。这也许是个狂妄的说法——但是，什么叫作"建筑意"？我们很可以找出一个比较近理的含义或解释来。

顽石会不会点头，我们不敢有所争辩，那问题怕要牵涉到物理学家，但经过大匠之手艺、年代之磋磨，有一些石头的确会蕴含

□ 林徽因在沈阳东北大学。科学家的刻苦严谨、诗人的灵动洒脱被她巧妙融合。科学可以变得富有诗意，她不是神情古怪的科学怪人，但她也不是只懂吟诗作对的无用书生。

生气的。天然的材料经人的聪明建造，再受时间的洗礼，成美术与历史地理之和，使它不能不引起赏鉴者一种特殊的性灵的融会、神志的感触，这话或者可以算是说得通……

建筑学的美感被这个充满灵气的女子娓娓道出它的精妙。这是当时任何男性研究者无法做到的，林徽因将建筑美学变作心灵上的又一诗歌。

正如她的后人所言："她的学术论文和调查报告，不仅有严谨的科学内容，而且用诗一般的语言描绘和赞美祖国古建筑在技术和艺术方面的精湛成就，使文章充满诗情画意。"

这力透纸背的底蕴源于她中西文化的教育，中国传统文化的滋养让她秀外慧中，英语对于她是一种内在的思维和表达方式、一种灵感、一个完整的文化世界。她聪明地将中西文化融合，成就了一个温婉细腻却又睿智博学的知识女性。

沉浸在笔墨清香中

当精妙的文字、优美的意蕴让一个刻苦严谨的女科学家变得从容优雅、气质迷人，我们还有什么理由不去沉浸于笔墨的清香中，去享受灵魂的净化与升华？

文学会让女人变得儒雅温厚。不管现代女性是如何独立、如何强大，可是，在内心深处，依然要给文学给下一点点空间，这样才能芬芳心灵的家园。

其实，人性的复杂性和生命的单调性需要文学的丰富去平衡。读书可以让思维沉浸其中，自然多了一份心领神会，而文学中常常提供间接的生命体验。你不用生活在上世纪末，也可以在张爱玲的叙述中感受末世的挽歌；你不用去湄公河畔，却依然在玛格丽特·杜拉斯的笔下感受到爱而不能的绝望；你可以用短短的几天，体会出亦舒所构建的女主人公"喜宝"跌宕起伏的一生，她于生命的尽头已不能回头，你却能从她的生命轨迹中懂得爱恨得失。

于是，你淡薄的生命开始变得丰盈，那些温暖的话语、那些犀利的文字，让女人在享受文字赋予的惬意和欣喜同时，在沉淀之后多出一份宁静和节制。女人还可以在文字里播种快乐，将自己的情感撒进浩瀚的文字里，编织梦想，去收获一份雅致和浪漫，用文字将时间凝结成一种记忆去温暖自己。

短暂的生命中，曾经重要的人也许转眼即形同陌路。然而，岁月并非无痕，于静默的文字中，你可以将曾经的满含感动、曾经的痛彻心扉都融于其中，像那个聪慧的女子一样，恒久地于诗中留存曾经的美好。是与非、错与对，都已成回忆，坦然，其实是一种桀骛不逊的坚强。

对于文字能够运用自如除了能够适当地宣泄情绪外，对于女人的事业也有帮助。随着社会间的交往日益频繁，语言文字的表达能力也日益凸显其重要性。工作中，很多时候需要用恰当的文字去表达工作意图才更容易被人理解。这样的表达能力归根结底靠的是平时的积累。

当女人将行云流水的文思融会贯通于所从事的事业，必将有所收获。因为善于运用文字的女人通常禀赋聪颖、才思敏捷、独具魅力，与人交往自然会留下文采天成的印象。

虽然文学可以将平淡的日子演绎得生动多姿，但是最好还是用它来点缀生活，而不是整日沉溺于文学构建的完美却脆弱的玻璃世界。太沉迷于文字的女人会变得敏感脆弱。她会特别在意情感上的得失，会敏感到因为一朵花的凋落、一片叶的飘零、一只小虫生命的结束而郁郁寡欢；也会因为一个眼神、一个动作而快乐或悲伤，太感性、太细腻都容易受伤。

静 / 思 / 小 / 语

于安静的午后或寂静的深夜，放一首自己非常喜爱的音乐，泡一杯绿茶，让文字流淌于笔尖，去释放自己小小的不安、沮丧，你会发现文字也能疗伤。当于精巧细致的文字中体会更多涓涓如泉的温暖，于深邃凝练的文字中聆听天籁的福音，慢慢地便沉淀出悠远的底蕴，幻化出桀骜不驯的坚强。

才艺，装点女人
独有的风韵

文学的底蕴使她变得优雅感性，过人的才艺又将她推向了女人的另一个极致。岁月再也无法掩饰她的光彩，她不甘心只留给人初见的惊艳，在柔风细雨般的温柔中，绽放着自己的风华绝代。流逝的时光之水也冲洗不掉她的传世风华。

才貌是可以双全的

林徽因不光貌美如花，才情也实在令人叹服。林徽因的才华首次展示于社会是在泰戈尔访问北京的那些日子。当时泰戈尔刚获得诺贝尔文学奖不久，受邀来到中国。泰戈尔到北京时，林徽因与梁启超、林长民、胡适等一同接待了泰戈尔。

为欢迎泰戈尔，同时为他祝寿，新月社排演了戏剧《齐德拉》。

剧中主人公齐德拉公主是齐德拉·瓦哈那唯一的女儿，因此父亲想把她当成儿子来传宗接代，并立为储君。因此从小受到王子应受的训练，她尚武而其貌不扬，在山林里邂逅邻国王子阿俊那，并对其一见钟情。她困恼于没有美貌去吸引王子，于是齐德拉虔诚地向爱神祈祷，希望能获得惊人的美貌。很幸运，齐德拉实现了愿望，爱神给了她一年的美貌，齐德拉一改以往的平凡容貌变得貌美如花，并用美貌赢得了王子的爱，两人结为夫妇。可是王子却从言谈中透露出仰慕邻国公主征服乱贼的英名，他的仰慕对象就是之前那个其貌不扬却英勇无比的齐德拉。于是齐德拉再次恳求爱神恢复了她原先并不漂亮的容颜，王子感到无比惊喜。幕布在浪漫的皆大欢喜结局中徐徐落下。

在剧中，美丽的齐德拉由林徽因扮演，整场剧目都是用英语对白，林徽因用流利的英文演绎出动人的对白，并用精湛的演技赢得潮水般的掌声。

演出大获成功。泰戈尔登上台，拍着女主角的肩膀赞许道："马尼浦王的女儿，你的美丽和智慧不是借来的，是爱神早已给你的馈赠，不只是让你拥有一天、一年，而是伴随你终生，你因此而放射出光辉。"

天鹅绒大幕缓缓拉上了，可是林徽因光芒四射的美貌和演技却从此留在人们的记忆中。诗哲的赏识，也让她的才华完美地展现。

5月10日北平《晨报副刊》说："林女士徽音，态度音吐，并极佳妙。"赞叹林徽因一口流利的英语清脆柔媚。演出之后，梅兰芳也成了这位才女的"粉丝"，之后只要林徽因在场，梅兰芳总不肯落座。

晚年的梁思成这样评价她的这位"万人迷"妻子：

> 林徽因是个很特别的人，她的才华是多方面的。不管是文学、艺术、建筑乃至哲学她都有很深的修养。她能作为一个严谨的科学工作者，和我一同到村野僻壤去调查古建筑，测量平面和爬梁上柱，做精确的分析比较；又能和徐志摩一起，用英语探讨英国古典文学或我国新诗创作。她具有哲学家的思维和高度概括事物的能力。所以做她的丈夫很不容易。

□ 林徽因在泰戈尔的诗剧《齐德拉》中饰演马尼浦国王的女儿齐德拉公主。

　　她的才华让丈夫晚年对她还是如此地迷恋，在那些远远观望她光芒的仰慕者的眼中，她早已成为传奇。

　　美貌加上才华，这样的女人注定有一种超然脱俗的美。

才华，让生活变得多姿多彩

　　林徽因不仅用才艺让众多仰慕者的目光久久不能离去，她还用自己的才华让生活充满乐趣。

　　1928 年，林徽因和梁思成决定在加拿大举行婚礼。和许多女孩一样，她对自己的婚礼十分重视。结婚前夕，对于礼服，林徽因有自己的要求。加拿大都是西式婚纱，遍访渥太华的服装店，找不到中国新娘装。而自己是中国媳妇，应该有中国传统的特点，于是，

做林徽因一样的女人

她自己买来布料，亲手设计缝制了一套具有中国传统风格的"凤冠霞帔"，在中国驻加拿大总领事馆庄重圣洁宛如天使庇护的古老教堂内，林徽因穿着自己设计的嫁衣，戴着装饰有嵌珠、左右垂着两条彩缎的头饰，得到了所有人的祝福。

林徽因用自己的才华让婚礼变得独特。

不但能够在自己的专业领域有所建树，还能用英语真情演艺戏剧，还精通于文字写作，她的才华让太多人对她钦佩有加。

能在很多领域表现出创造力，不但自己能收获成就感，同时也会让自己不断成长。

曾有一个跨国公司的女高管，她在营销领域创造了非凡的业绩，当媒体采访她保持充沛的精力和高效的创造力的秘诀是什么的时候，这位职场精英说出了自己的秘密。她平时十分喜欢弹奏古筝，现在的她可以弹奏很多曲子，优美的古典音乐需要凝神静气去弹奏，所以，每一次她安静地坐在那儿弹奏时，她很快就融入音乐中，情绪得到很好地释放，弹奏时培养出的高度的专注力也让她做任何事时都很有效率。

除了古筝，她还有一个才艺——画油画。

她说："画油画非常锻炼观察能力，之前我对色彩非常不敏感，认为所有的蓝就是一种色彩，但是现在就会知道，我会想要什么样的颜色和什么样的颜色调在一起才能调到一个特定的蓝色。这就让我的眼睛更加敏锐，去观察细节，比如说光影的变化，颜色的差异等等。所以我觉得这些对我来讲，虽然在画油画，但其实打开了我的另一扇心窗。"

弹古筝、画油画，这些才艺成为一个女高管精力充沛的一个个

原动力。其实，那些高雅的艺术并不遥远，也并非都需要从小练习，女人只要把放在丈夫和孩子身上的时间拿出一点出来就可以让自己从中获得很多乐趣，自己也能够成为一个独立的个体。给自己一个机会、一个环境，去培养一点才艺，每一项爱好都可以帮助你成长，寻找到真正的自我。

用才艺取悦自己

卞之琳慨言："她天生是诗人气质、酷爱戏剧，也专学过舞台设计，却是她的丈夫建筑学和中国建筑史名家梁思成的同行，表面上不过主要是后者的得力协作者，实际却是他灵感的源泉。"

她的儿子梁从诫认为，母亲能够把多方面的知识才能集于一身，是一位有着"文艺复兴色彩"的知识分子。在生活的每个瞬间，林徽因都用自己过人的才华点缀着平淡的生活，让身边的亲人感受到这份优雅带来的愉悦。她的才艺并非是为了炫耀自己或取悦他人，她只是用这样的方式在寻找人生的乐趣。

弗吉尼亚·伍尔夫曾说："当我搜索枯肠时，我发觉去做什么人的伴侣、什么人的同等人，以及影响世界使之达到更高的境界等等，我并没有感到什么崇高可言。我只要简短而平凡地说一句，一个人能使自己成为自己，比什么都重要。"

而"使自己成为自己"并非容易的事。世事纷扰总是让女人忘记自己最重要的使命，当将自己的所有精力都放在取悦别人上，渐渐地，女人就忘记了取悦自己。其实，只有不断地寻找自我，不断地发现人生的乐趣，才能真正获得生命的乐趣，而这样的女人身上会有一种特别的吸引力，其身上总是有着一种神秘感，就像永远都挖掘不完的宝藏。

静/思/小/语

　　过人的才艺会将女人推向另一个极致，她的身上总是有着一种神秘感，就像永远都不可能挖掘完的宝藏。能在很多领域表现出创造力不但自己能收获成就感，同时也会让自己不断成长，这样的女人注定有一种超然脱俗的美。女人，既要懂得追逐成功，也要懂得享受生活。

成为社交圈一道亮丽的风景线

教养和良好的经济条件，使林徽因的眼光品味极高。她从来没有放弃过对精神领域的建构，这让她越过了琐碎和庸俗，不断地学习，不断地向上，她洞悉一切，散发出成熟的魅力。

社交情商——平衡情绪的密码

林徽因的社交圈不同于一般社交场合中的应酬场所，她的客厅凝聚着当时最优秀的知识分子，形成了一个独特的交往网络。林徽因在这个名流云集的文化沙龙中扮演着重要的角色，正如当时在西总布胡同 21 号租住的美国著名中国问题专家费正清所言："她交际起来洋溢着迷人的魅力。在这个家，或者她所在的任何场合，所有在场的人总是全部围着她转。"

林徽因在诸多名流雅士面前展示自己的学识和谈吐，在一片钦佩的目光里，享受一种荣耀，验证一种高贵的身份。

她的女儿梁再冰的回忆大致勾勒了这个交往网络的成员与特性："这时我家住在东城北总布胡同三号，这也是我记忆中的第一个家。这是一个租来的两进小四合院，两个院子之间有廊子，正中有一个'垂花门'，院中有高大的马缨花和散发着幽香的丁香树。父亲和母亲都非常喜欢这个房子。他们有很多好朋友，每到周末，许多伯伯和阿姨们来我家聚会。这些伯伯们大都是清华和北大的教授们，曾留学欧美，回国后，分别成为自己学科的带头人，各自在不同的学术领域中做着开拓性和奠基性的工作，例如，张奚若和钱端升伯伯在政治学方面，金岳霖伯伯在逻辑学方面，陈岱孙伯伯在经济学方面，周培源伯伯在物理学方面，等等……在他们的朋友中也有文艺界人士，如作家沈从文伯伯等。这些知识分子研究和创作的领域虽不相同，但研究和创作的严肃态度和进取精神相似，爱国精神和民族自豪感也相似，因此彼此之间有很多共同语言。由于各自处于不同的文化领域，涉及的面和层次比较广、深，思想的融会交流有利于共同的视野开阔，真诚的友谊更带来了精神力量。我当时不懂大人们谈话的内容，但可以感受到他们聚会时的友谊和愉快。"

人以群分，物以类聚，林徽因的朋友们大都少年时期饱受中国传统文化的浸染，青年时期又接触到了"五四"的民主、科学知识，出国留学，又得到了西方文化的滋润。彼此的交流有利于共同的视野开阔，也让林徽因很享受智慧碰撞带来的快乐。

可是，这样的文化沙龙曾得到很多人的议论，因为来林徽因客厅做客的以男性居多。其实，这本无可厚非，在当时，像林徽因这样能有机会受双文化教育长大的，并拥有如此学识和智商的女性少之又少，除去几个由于嫉妒不愿在林徽因光环之下的女性，沙龙里可不是只有那些不同领域的男性精英。

其实，在人际交往中总免不了异性之间的正常交往。曾有科学研究显示，异性度高的人更加成熟，身心更加健康，智力更高，更具有智慧和魅力。

这一点在林徽因的身上有很好的体现。而且，林徽因的身上通常被认为兼具男人性格中的一些特点，如坚强、主动、豁达、沉稳、有一定的专业研究能力。瑞士著名心理学家荣格曾提出"双性化人格"概念，即"男人自我中的女性化部分"和"女人自我中的男性化部分"。他认为，不管是男人还是女人，只有将这两个方面结合才能接近完美。

成为美和智慧的化身

林徽因虽然天生丽质，也很注重衣着打扮，在清华园中一直是新潮的榜样。1935 年，林徽因曾在国立北平大学女子文理学院外语系教《英国文学》课。云南大学中文系全振寰教授曾修读她的这门课。全教授告诉我们："当时许寿裳任院长，潘家询任外语系主任。曹靖华、周作人、朱光潜都在此执教。林徽因每周来校上课两次，用英语讲授英国文学。她的英语流利、清脆悦耳，讲课亲切、活跃，谈笑风生，毫无架子，同学们极喜欢她。每次她一到学校，学校立即轰动起来。她身着西服，脚穿咖啡色高跟鞋，摩登、漂亮而又朴素、高雅。女校竟如此轰动，有人开玩笑说，如果是男校，那就听不成课了。"

即使后来患病体质那样虚弱，她还穿一身骑马装。可见爱美之心很重。她的堂弟林宣说过一件趣事：林徽因写诗常常在晚上，总是要点上一炷清香，摆一瓶插花，穿一袭白绸睡袍，面对庭中一池荷叶，在清风飘飘中吟哦酿制佳作。"我姐对自己那一身打扮和形象得意至极，曾说'我要是个男的，看一眼就会晕倒'，梁思成却逗道，'我看了就没晕倒'，把我姐气得要命，嗔怪梁思成不会欣

做林徽因 一样的女人

□ 林徽因的姿色出众，而且她懂得怎样打扮自己，妆容永远是淡雅的，没有浓妆艳抹的妖艳，也不素面朝天的有些土气，但是，简约自然大方，别亦一番韵味。

赏她，太理智了。"

美女与非美女，尽管在事业成功的概率上相比并不占优势，但却毫无疑问，美女会得到更多的目光、关注和宠爱。尤其是在社交场合，貌美者总能得到异性更多的关注。

有一本杂志甚至说，女人，再怎么位高权重，再怎么意气风发，再怎么居功厥伟，或者，再怎么从云端跌入谷底，最终外界瞩目的焦点都是：她们的脸。

这样说虽有些极端，但是也在某种程度上说明了女人外在条件的重要性。所以，如果要在社交圈中得到关注，不妨打理一下外在，不能做到惊艳，至少应该做到精致。

越来越多的朋友聚在林徽因的周围一方面是因为她美丽可爱、活泼动人、直率、真挚，但更重要的是她的知识品位、沟通能力和判断力都是第一流的。受双文化教育长大的她，有一种特别的内在思维和表达方式，她专注于自己的事业，又可以写诗，对文学、政治、哲学都颇有见地，她有自己的诗作但又不完全是诗人，这样多侧面、多方位的林徽因，对当时以男性为主的京派知识分子群体有着强烈的吸引力。

在一个高水准的交际圈中，首先得丰富自己，有一些可以分享的兴趣爱好，才可让自己同别人有共同的话题，如果胸无点墨，那任凭用多华丽的衣服装饰，也会让人觉得肤浅。

女人的智慧是在生活中一点一滴积累起来的。那些社交场上落落大方、谈吐优雅的女性并未天生具有交际天赋，只不过她们把别的女人八卦的时间用来读书、读报提升自己。

想要在社交圈成为亮丽的风景线，就要使自己成为美和智慧的化身。

感染力：驾驭他人的缰绳

　　"每个老朋友都会记得，徽因是怎样滔滔不绝地垄断了整个谈话。她的健谈是人所共知的，然而使人叹服的是她也同样擅长写作，她的谈话和她的著作一样充满了创造性。话题从诙谐的轶事到敏锐的分析，从明智的忠告到突发的愤怒，从发狂的热情到深刻的蔑视，几乎无所不包，她总是聚会的中心人物。当她侃侃而谈的时候，爱慕者总是为她那天马行空般的灵感中所迸发出来的精辟警语而倾倒。"费慰梅在《梁思成与林徽因》中如是说。

　　这就是林徽因在社交时表现出的感染力，她让身边的人不自觉地成为她的仰慕者，成为她思想的聆听着。

　　萧乾回忆说："她话讲得又多又快又兴奋。徽因总是滔滔不绝地讲着，总是她一个人在说，她不是在应酬客人，而是在宣讲，宣讲自己的思想和独特见解，那个女人敢于设堂开讲，这在中国还是头一遭，因此许多人或羡慕，或嫉妒，或看不惯，或窃窃私语。"

　　在20世纪30年代，其实不止有梁思成与林徽因的文化沙龙，胡适家有，凌叔华家也有，只是他们的人气都没有"太太的客厅"旺盛。分析起来，还是由于林徽因独特的个人魅力和强烈的感染力，使这个文化沙龙变成了"京派"文化人圈子里一个灿烂夺目的中心。

　　她有激情又直言不讳，而且毫无矫揉造作之感。

　　同梁宗岱关于诗的艺术特点的争论，她的语言的锋芒是那么尖锐，可是却让在场的人都感受到了她精妙的分析。

　　同当时还是文坛新人的萧乾交谈，林徽因用自己的热情，让他忘掉了来时的拘谨，并用自己对萧乾作品的精辟解读赢得了他由衷

地尊重和感激。

她对艺术和文学高深的见解和对人性透彻的了解，让她的语言和观点极富感染力，她胸怀宽广、乐善好施，当朋友需要她解决问题时，她有能力给予帮助。当沈从文因为感情纠葛烦恼时，她能说出真诚而惊世骇俗的一番言论来，她既敢作敢为，也敢说真话。

她说：“我认定了生活本身原质是矛盾的，我只要生活；体验到极端的愉快，灵质的、透明的、美丽的近于神话理想的快活。”

她说：“我的主义是要生活，没有情感的生活简直是死生活，必须体验丰富的情感，把自己变成丰富，宽大能优容，能了解，能同情种种‘人性’。”

其实，她的感染力即使在客厅之外也始终存在。

在困境中坚守心灵的纯净，从不放弃对梦想的执着追求，命运几番起伏却始终宠辱不惊的淡泊，都让世人深深地被她的魅力所震撼。

静/思/小/语

人的生活，不仅要物质的，也要精神的。林徽因完美地平衡了自己的情绪，于社交中获得智慧和力量，在社交圈成为亮丽的风景线，成为了美和智慧的化身。同时，她以自己的诗一样的浪漫情怀和哲学家般的智慧和理性深深地感染着她的朋友，她永远理想地存活在世人的梦里。

傲林徽因 一样的女人

第六章
水滴涟漪终消散，木记轮回恋此生

——享受生活，活出自我

経得起繁華，
归得起平淡

在客厅中侃侃而谈、神采
飞扬被众星捧月的是她，在穷
乡僻壤、荒寺古庙中全神贯注
工作的也是她，漫步于欧洲古
建筑，沉迷于异国氛围的是她，
在祖国危难时不肯去浪漫国度
治病的还是她。她身世氛围，
更多地折射着那个时代的文化
风尚和文人风骨。

繁华时不忘形，平淡时不消沉

　　林徽因的美丽毋庸置疑，她就像一个磁场，无论何时何地，都是朋友们众星捧月的核心。

　　即使是文坛的那些自视甚高的名流巨子，都被她犀利敏捷、饶有风趣的谈吐所折服，林徽因总是社交场的灵魂人物，她畅谈文学、艺术、建筑，天南地北，古今中外，很多人多年后都还记得她"双眸因为这样的精神会餐而闪闪发光"。

　　她让自己的沙龙洋溢着贵族化气息，她兼有东西方文化的精髓，所以总是能够展现出强烈的个人魅力。在当时的北平，许多人以一登"太太的客厅"，一博林徽因的欣赏为幸事。诗人徐志摩也是客厅的常客，他曾经的热烈追求变作久久的凝视。还有金岳霖已经开始"逐林而居"，这么多的仰慕和追捧并未让她迷失，她在 1932 年 1 月 1 日致胡适的信中写道：

做林徽因 一样的女人

□ 林徽因在北总布胡同 3 号寓所客厅。梁思成、林徽因身边聚集了一批当时中国文化界的精英，这些学者和文化精英经常在星期六下午陆续来到梁家聚会，形成了 20 世纪 30 年代北平最出名的文化沙龙，时人称之为"太太的客厅"。

……实说，我也不会以诗人的美谀为荣，也不会以被人恋爱为辱。我永是我，被诗人恭维了也不会增美增能，有过一段不幸的曲折的旧历史也没有什么可惭愧。

她在闪耀光芒的同时并未忘形。她的清醒和理智让她从容地享受耀目的生活，也走过最暗淡的日子。她能奢能约、能放能收，繁华时不忘淡定，贫困中不懈坚持，畅达时不张狂，挫折时不消沉。

抗战开始后，她们一家曾经逃往昆明，这个地方的自然风光虽然优美，可是物质生活却很匮乏。梁思成的身体也出现了状况，他因脊椎软组织硬化并发肌肉痉挛，后来扁桃体发炎，在切除了扁桃体后，又引起牙周炎，不得不把满口牙也拔掉，随后将近一年的时候，梁思成只能在床上静养，这就让林徽因完全挑起了家务的重任。

在北平的家里有佣人，她的大部分时间都可以做自己喜欢做的

事，在很多人的眼中，她仿佛应该是天生就该绽放美丽，脱俗得不沾染凡世的尘埃。可是，外表宛如公主般娇弱的她，远比世人想象中的从容，她卷起袖子买菜、做饭、洗衣，上街打醋、打酱油。就连做饭用的水都得从外面的水井里挑回来，用热水就得支一口锅自己烧。林徽因把这一切打理好，她繁华落尽，一切归于平静之后，依然散发着清越的幽香。

老子说："天下莫柔弱于水，而攻坚强莫之能先，以其无次易之也。"也许林徽因拥有的就是这水一样的智慧。事在人为，是一种积极的人生态度；随遇而安，是一种乐观的处世妙方。"随"不是跟随，是顺其自然、不怨怼、不躁进、不过度、不强求；"随"不是随便，是把握机遇，不悲观、不刻板、不慌乱、不忘形，从而才能得到身心的解放。

顺其自然，是一种豁达的生存之道；水到渠成，是一种高超的智慧。

繁华落尽，平淡为真

极致如林徽因，人生的繁华也是那么短暂，她的大部分时间都是在平淡中度过的，她的深厚学识也是在这平淡中积累的，甚至，她的睿智和从容也是在平淡中练就的。

平凡的生活并没有那么多繁花似锦，人的一辈子只有百分之五是精彩的，百分之五是痛苦的，另外百分之九十是平淡的；人们往往被百分之五的精彩诱惑着，忍受着百分之五的痛苦，在百分之九十的平淡中度过。

当 / 你 / 老 / 了

——叶芝

当你老了，头发白了，睡思昏沉

炉火旁打盹，请取下这部诗歌

慢慢读，回想你过去眼神的柔和

回想它们昔日浓重的阴影

多少人爱你青春欢畅的时辰

爱慕你的美丽，假意和真心

只有一个人爱你朝圣者的灵魂

爱你衰老了的脸上痛苦的皱纹

垂下头来，在红火闪耀的炉子旁

凄然地轻轻诉说那爱情的消逝

在头顶上的山上它缓缓地踱着步子

在一群星星中间隐藏着脸庞

在激情飞扬的时候女人总是焕发出迷人的光彩，可是当被岁月的风霜洗礼过，激情所剩无几，也许平淡时才最能看到一个人本来的样子和她的境界。能在你风华正茂时仰慕你追随你不难，可在天长日久的平淡中依然始终如一却不容易。所以，叶芝的这首《当你老了》感动了无数人。

□ 梁思成（左二）、林徽因（左四）、女儿梁再冰、儿子梁从诫及西南联大教授在昆明西山华亭寺的合影。为了贴补家用，联大的教授都到中学兼职上课。为了糊口，梁氏夫妇也不得不做兼职，给有钱人设计私人住宅。

　　不懂得这生活真谛的人，也许要同幸福失之交臂。陆小曼就不甘心于婚姻的平淡，她总是埋怨徐志摩的爱不如婚前那样轰轰烈烈，她的生活仿佛永远没有她想象中的那样荡气回肠，所以她飞蛾扑火般毁灭掉自己的幸福。她不知道爱情归于平淡后的生活是朴实无华的，虽然不能时时如烟花般绚烂，但是却能像炉火一般给你一生的温暖。

　　在平淡的生活中，女人不是不能有浪漫的向往，却要把握好现实和梦想的差距。找一个和你轰轰烈烈谈一场恋爱的人容易，可是找一个能在平平淡淡的生活中相伴一生的人却很难。

　　有一首歌唱道：短暂总是浪漫，漫长总会不满。在日复一日的相处中，最多呈现给对方的也许更多的是人性不美好的那一面。就像水中树木的倒影总是格外美丽，这是因为距离，恋爱时，因为有距离而互相吸引，而这只是婚姻之前的开场、序幕和甜点，而婚姻，就是逐渐破灭幻想的过程。

　　在平淡的日子中再高贵的你也免不了有时有点市井女人的小气和贪婪，或许有时又会有点咄咄逼人的冷漠，越是亲近的人反倒有时越苛刻，天长日久朝夕的相处，像一个放大镜，把每个人的缺点和不足都夸张地表现出来，每个人都会懈怠，会回归到一个自己最喜欢最适应的位置，不希望委屈自己，不要强装优秀。

所以，每当看到七八十岁、满头白发还能牵着手去散步的夫妻都会无比感动。他们身上都有一种超越了平淡的从容与温柔的气质。

能幸福地走到最后的，是那些能摆平这些平淡日子的人。

两个人一起择菜，一起看电视，甚至一起吃一碗素面，都是为和谐的生活注入一点温暖和和谐。没有外面的纷纷扰扰，只有两个人的似水流年，岁月静好，也许那种东西可以称为"永恒的温柔"。

在平淡的生活中不经意来来去去，日子简单点，感情简单点，简单而平淡的幸福是最好的境界，要学着不做一个苛求的人，你要知道，你能握在手里的就是好的，为了不属于自己的东西辗转反侧，追求不得，实属不明智。

不要感慨婚姻成了爱情的坟墓，爱不会因为不再轰轰烈烈就从此消亡。

因为心无所恃，所以才能随遇而安

没有苦苦求索的狰狞也没有无能为力的无助，无论是纸醉金迷之时，还是繁华落尽之后，她依然清朗如初。随遇而安的淡定源于心无所恃。

如果是一颗浮躁的心，不管是太过奔波劳累的生活还是闲适安逸的生活都会让人茫然，就像脚踩着云，找不到踏实的感觉，心若没有栖息之地，人到哪里都是流浪。

女人，需要练就一颗随遇而安的心。

世界充满喧嚣、浮躁、名利、诱惑，心灵要承受太多的压力，有了一颗随遇而安的心，就有了抵挡现实冲击的盔甲。在生命的每一个转折点，也许生活的境遇不如从前，有人盲目抱怨，辛苦攀比，焦虑了自己也伤害了亲人。如果不好高骛远，用睿智代替冲动，就能在平淡的光阴中感受到生命的美好，一粥一饭总是福，平淡中自有乐趣。

还有生命中那些美丽的邂逅，有的可以相遇成歌，在这绻绻红尘中相伴而行，而有些人却于中途转身离去，剩你一人踽踽独行。不能随遇而安，就不容易走出痛苦。你要能够习惯有他在时的欢喜，也要适应没有他的孤寂。不如将分别的眼泪化作美丽的诗行，然后用微笑谱写下一章动人的诗篇。

随遇而安不只是能够耐得住寂寞，还要能经得起喧嚣。

于繁华中受人瞩目是女人的骄傲，在瞩目中坚守自我是女人的智慧和从容。不管在人生的哪个阶段，充满魅力的女人总要面对很多现实的诱惑，可是坚定的女人总是能够守住自己的爱情，即便有一天有一个人会有"恨不相逢未嫁时"时的心动，她依然紧握手中的幸福，享受稳稳的幸福。

那些俯瞰美景的人，大都是到过巅峰的，能看淡生命的起伏的，也许大多都是阅尽繁华的。也只有阅尽繁华的人才有资格轻轻地说一句：繁华不过如此。也只有曾在苦难中走过的人才可以淡淡地感慨：苦难也没什么大不了。这样的随遇而安，其实需要的是奋斗中的历练。

这历练成就了一种智慧，也成就了一种境界。

就像张爱玲，有人说她是个阅尽世间繁华的女子。因此她能淡然而悄悄地活着，满世界的人为她热闹，而她却躲着；因此她能深入骨髓洞察人的内心世界，以沉默而内慧的天赋不声不响地将世事冷暖看得通透，再用奇诡多姿的文字传达出来，就像一个陌生人以极淡的语调讲着故事，虽谈，却能使人心动、心悸、心寒。

曾走过人生的繁华和低谷，成就了她强大的内心，一个人，也可以远走他乡，只因为她心无所恃，才能随遇而安。

随遇而安，能于风雨奔波中找到闲趣，阅尽繁华后仍存素心。

不用去抱怨自己的奔波劳碌，只要有一颗不好高骛远的心，就能够看到路边的花开花落、天边的云卷云舒。宁静才能致远，心里有根方寸不乱，生活再忙也是安逸。

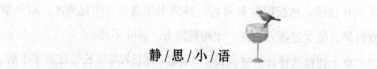

静/思/小/语

人生总得经历风雨，不懂随遇而安，注定要惶惶不可终日。顺其自然，是一种豁达的生存之道；水到渠成，是一种高超的智慧。只有心无所恃，才能洒脱地看淡世事繁华。繁华落尽，平淡为真，漫长的岁月里，所有的婚姻都一样，都有着无法言说的沧桑和磨难，当从爱情的云端跌落到婚姻的现实，你要懂得，绚烂之极归于平淡，荡气回肠是为了最美的平凡。

亲情，生命必须承受之重

林徽因说过："在中国，一个女孩最大的价值就是她的家庭背景。"在她生活的时代，很多女性作家几乎都是官宦的千金，林徽因的家境很好，父亲又是开明之人，家学的教育和熏染让她有很好的起点。一个朋友式的父亲、一个不快乐的母亲，林徽因同其他女人一样，注定要承受生命必须承受之重。

父亲对女儿的性格和气质有着不可忽视的影响

才女林徽因的才情、禀赋乃至个性，在一定程度上，都来自于父亲林长民。林长民曾是闻名士林的书生逸士，中过秀才，后来放弃科举，接受过西方教育。他相貌清奇，谈吐不凡。

章士钊曾这样评价林长民："宗孟（林长民字）长处在善于了解，万物万事，一落此君之眼，无不焕然。总而言之，人生之秘，吾阅人多矣，惟宗孟参得最透，故凡与宗孟计事，决不至搔不着痒，言情，尤无曲不到，真安琪儿也。"

在林长民死后，徐志摩感叹："这世界，这人情，哪禁得起你锐利的、理智的解剖与抉剔？你的锋芒，有人说，是你一生最吃亏的所在。但你厌恶的是虚伪，是矫情，是顽老，是乡愿的面目，那还不是应该的？谁有你的豪爽？谁有你的倜傥？谁有你的幽默？"

林长民出众的才华和至真的个性得到了众人的认可。

做林徽因 一样的女人

研究表明，有43%的女儿从父亲那里继承了艺术天赋；53%的女儿成年后回忆，她们在父亲那里获得了更为丰富的知识，尤其是在历史、自然科学以及国际关系等女孩子通常不感兴趣的学科方面。

　　对于林徽因来说，父亲的气质和学识确实对她产生了潜移默化的影响，她遗传了父亲的很多天赋。她对理想的坚持、对学术的执着，在国难之际展现出的传统知识分子的决绝，以及为了保护文物的据理力争，都仿佛能看到林长民的风骨。

　　作为长女，林徽因因自己的聪明和乖巧得到了父亲的宠爱，父亲觉得这个天才的女儿更像是自己的朋友，徐志摩在《伤双栝老人》中所说："这父女不是寻常的父女。"他们更像是知己，1920年，16岁的林徽因随父林长民游历欧洲，是父亲教女儿林徽因放眼看世界。林徽因1935年写给费正清、费慰梅夫妇的信说："我是在双重文化的教养下长大的。"林长民不只希望女儿能知书达理，他还有一个更大的期望——让女儿"观览诸国事物增长见识"，"扩大眼光养成将来改良社会的见解与能力"。

　　于是，这个自幼聪颖出众的少女在父亲的期望下，超越了传统女性的价值，成为了一位自由、独立、优雅又聪慧的一代精神领袖。

　　很多时候，父亲的一句及时的称赞、一个鼓励的眼神、一次深情的注视，都会对女儿的成长产生深远的影响。父亲的认同和期望，会让女儿最早获得对自己女性特质的认识和认同，从而产生作为女性的自信。这是一个女人生活成功和幸福的重要因素。

　　加拿大一所大学的心理研究发现，少女时期获得父亲的关怀与支持的女性，会有较好的感情与性心理发展，成人后处理与异性亲

□ 林徽因的父亲林长民既有深厚的国学基础，又接受了新思想。他给林徽因提供的优越的生活条件和家庭教育对她的成长有着至关重要的影响，在这个书香门第的开明家庭里，林徽因奠定了坚实的国学基础，为后来的文学创作打下了良好的功底。

密关系的能力也较强。

这一点在林徽因的身上得到了很好的印证。能够理性地处理同徐志摩的关系，父亲在中间也起到了很大作用。

父亲林长民更倾向于主张女儿选择梁思成，放弃徐志摩。作为朋友，他更加肯定徐志摩并不适合女儿，有君子之风的梁思成，才能给女儿幸福。也许林徽因曾对徐志摩也有一些情愫，最后能当机立断地斩断情丝，更多的也是来自于对父亲建议的信服。

父亲对女儿的影响非同小可。家有女儿的父母，为了女儿未来的幸福，父亲尽最大可能倾注一份爱给自己的女儿。

宽容亲人对你的苛刻

能有一个朋友一样优秀的父亲，林徽因是幸运的。可是她的母亲却带给她无尽的烦恼。

林徽因在致费慰梅的一封信中这样说："我自己的母亲碰巧是个极其无能又爱管闲事的女人，而且她还是天下最没有耐性的人。刚才这又是为了女佣人。真正的问题在于我妈妈在不该和女佣人生气的时候生气，在不该惯着她的时候惯着她。还有就是过于没有耐性，让女佣人像钟表一样地做好日常工作但又必须告诫她改变我的吩咐，

做林徽因一样的女人

如此等等——直到任何人都不能做任何事情。我经常和妈妈争吵，但这完全是傻帽和自找苦吃。"这文字里浸透着她太多的无奈。

母亲一直同她一起生活，不管是童年还是成年，母亲都无意识地将自己的痛苦发泄到女儿身上，这也许正是"对自己亲近的人才越苛刻"的道理。

梁从诫曾这么说他的母亲林徽因："她爱父亲（林长民），却恨他对自己母亲的无情；她爱自己的母亲，却又恨她不争气；她以长姊真挚的感情，爱着几个异母的弟妹，然而，那个半封建家庭中扭曲了的人际关系却在精神上深深地伤害过她。"

林徽因同母亲相处得不愉快，她会将这样的痛苦写在给费慰梅的信中作为发泄："最近三天我自己的妈妈把我赶进了人间地狱。我并没有夸大其词。头一天我就发现我的妈妈有些没气力。家里弥漫着不祥的气氛，我不得不跟我的同父异母弟弟讲述过去的事，试图维持现有的亲密接触。晚上就寝的时候已精疲力竭，差不多希望我自己死掉或者根本没有降生在这样一个家庭……那早年的争斗对我的伤害是如此持久，它的任何部分只要重现，我就只能沉溺在过去的不幸之中。"

即便林徽因不满意母亲的种种做法，可是她不允许丈夫梁思成埋怨母亲。

用金岳霖的话说："她们彼此相爱，但又相互不喜欢。"

亲情就这样将完全不同的两个人拴在一个比较现代的家庭中。

在香山养病期间，林徽因创作了她的小说处女作《窘》。在这篇小说中，林徽因首次提出"代沟"的概念："这道沟是有形的，它无处不在，处处让人感到一种生存的压迫；它又是无形的，仿佛两个永恒之间一道看不见的深壑。"

母亲的寂寞让她牢牢抓住自己唯一的女儿，她迫切需要与人交谈，可是女儿却总是与她没有共同的语言。所以很多时候，交流最后变成了争吵。

也许每个女孩小时候都有种希望，期待母亲的认同，真正被母亲喜欢和接受。可是林徽因的母亲全神贯注于自己的不幸，根本无暇顾及幼年的女儿，她甚至觉得女儿比自己幸福，至少在整个家庭，女儿的位置比自己重要得多，她不知道，女儿更需要的是那份无可取代的来自母亲的肯定和关注，而不是抱怨和责怪。

在林徽因的眼中，母亲有太多的问题，可是她渐渐地发现，越来越多母亲的影子在自己身上显现：说话时的语气、脸上的神情，最明显的是，糟糕的脾气。

冲突并不能解决问题，怎样处理好和母亲的关系，应该是每个成年女儿要面临的问题。

相爱却又彼此冲突，其实是大多数母女的关系。母女在很多地方太像，又互相有期待，容易有冲突。

□ 1936 年林徽因与母亲何雪媛、三弟林恒等在香山。

无论怎样卑微渺小的亲人，都不是自己能够选择的，也许方式不同，可是她会本能地毫无保留地信任你、依赖你，并常常是不容分说就把生活的琐碎、沉重，甚至残酷带给你，给你本就一地鸡毛的生活再平添一份压力。对

做林徽因 一样的女人

父母感恩和爱是作为儿女十分必要的责任，作为父母有时过多的期待和依赖也成为儿女最大的压力。尤其是母亲，往往会希望女儿不要像自己一样，曾经遭遇的磨难最好可以通过自己的教育避免在女儿身上重现。尤其是当家庭出现危机时，母亲基于同性别的依附与认同，会无意识地对女儿产生很多负面影响。

即便有多少差异、有多少分歧，最后，总还会因为爱而难以割舍。母女关系常是爱恨交织的。

不如通过倾听与体谅而修补，互相明白需要对方的支持与鼓励。女儿希望得到母亲的呵护与谅解，可是作为一个脆弱的女性，母亲何尝不需要爱和保护？

得到婆婆的认同

婆婆的不认同，也是林徽因曾经头疼的一件事。

虽然公公梁启超对林徽因欣赏有加，并极力撮合，可是他的夫人李蕙仙却不看好这个未来的媳妇。

在梁思成摔折腿骨时，林徽因以未婚妻的身份去照料，未来的婆婆认为她整日在医院不知避讳，完全没有大家闺秀的矜持，因此十分反感。

很多人说这是因为梁思成的母亲是旧思想，习惯于接受一个深锁闺阁、遵守封建礼教的传统女性，而林徽因接受过西方教育，梁母不能接受新式女性。

其实，这种说法并不准确。因为实际上，李蕙仙并不是一个没有文化的中国传统妇女。

李蕙仙是顺天府尹李朝仪的女儿，自幼承庭训家学，熟读古诗，善于吟诗作文，且擅长琴棋书画，有才女的美誉。在梁启超的影响下，努力学习新学，她还参与在上海创办女子学堂，并但任校长。她同丈夫一起经历了清末民初政坛、文坛的惊涛骇浪，她用理解和关爱给丈夫以安慰和鼓励，帮助梁启超完成了很多著作。

　　所以，她并不是因为思想太过传统，作为一个婆婆来讲，她是担心林徽因的个性过于张扬，不能辅佐儿子，更准确地说，以林徽因的才华和脾气她不会处处迁就儿子，不能以儿子为中心，在她眼里就不是一个好儿媳。

　　大概所有婆媳矛盾的焦点都在这儿。

　　婆婆希望儿媳所有的精力都放在照顾自己的儿子身上，事事顺从，可是有一点自我意识的女性肯定不甘心自己存在的意义仅仅在于作为别人的附属。矛盾就此产生。

　　婆媳矛盾往小了说是两个人的分歧，说大了就关系到整个家庭的幸福。

　　当林徽因、梁思成共同到国外留学时，梁思成常常收到李蕙仙的信使——梁思顺的来信。信中反复传达一个中心思想：母亲反感林徽因，坚决反对他们结婚。

　　后来，李蕙仙因病去世，林徽因、梁思成也才算能够没有阻力地结了婚。如果婆婆不是因病去世，两个人的结合也许要经历更多的波折。

　　经营一段美满而长久的婚姻是人生的马拉松，仅凭你侬我侬的小情调远远不够，更重要的是要学会得到婆婆的认可，处理好与婆家人的关系。

做林徽因　一样的女人

婆媳关系在家庭关系中很特殊，它既不是婚姻关系，也无血缘联系，这就成为融洽相处的一道天然屏障。婚姻关系有爱情，亲子关系有血缘，所以双方能够互相迁就，婆媳关系源于同一个男人才建立起的关系，所以婆媳关系能否融洽很大程度上取决于这个男性。

　　如果作为中间人的儿子能够发挥好自己的作用，也就是所谓的沟通，就能减少很多矛盾。

　　婆婆最大的心愿就是儿媳能对儿子千依百顺，儿子就应该多说说媳妇对自己的好，那些回家就抱怨媳妇缺点的人就不自觉地埋下了婆媳大战的隐患。

　　而作为儿媳来讲，婆婆毕竟是长辈，不但要心存感激还要多一点顺从，谁让她帮你把丈夫养得这么好呢！儿媳要多做一点婆婆喜欢的事儿，获得婆婆的认可，婚姻也就少一点阻碍。

静/思/小/语

　　亲情，作为生命中的必须承受之重，除了耐心，还需要一点智慧。即便有差异、有分歧，最后，总还会因为爱而难以割舍。所以，不如对这份爱多一点包容，生活中少一点争执，通过倾听与体谅而修补，互相支持与鼓励。

219

女人，要扮演好
母亲的角色

强大的母亲，温柔的妻
子，严厉的老师，浪漫的女友，
勤奋的学者，犀利的沙龙女主
人——一个大写的女人，清清
爽爽地从历史深处走出来。

为孩子营造一个轻松快乐的家庭氛围

林徽因有一女一儿，女儿在 1929 年 8 月出生，取名梁再冰。那一年的年初，梁启超去世，为了表达对梁启超的敬重和思念他们才给女儿起这个名字，因为梁启超先生在天津的书房叫作"饮冰室"。

1932 年儿子梁从诫出世，林徽因怀着满心喜悦，为儿子写下《你是人间的四月天》这首诗。诗中优美的意象闪烁着母爱的光辉，表现出了宁静的欣悦和温情。而他的名字也有来历，当时梁思成在研究中国古代一本建筑规范式样的经典之作《营造法式》，书的作者是建筑学的鼻祖、宋朝的李诫，于是给自己的孩子起名为"梁从诫"希望儿子和李诫一样做中国有影响的建筑学家。在新中国成立之时，梁思成和林徽因牵头设计了国徽和人民英雄纪念碑，17 岁的梁从诫也积极参与国旗图案的应征，当时全国应征的共 2992 份方案，梁从诫的设计成了最终候选的 38 个方案之一。梁再冰学的是外语，毕业后就一直在新华社当记者，从事文字工作，她的思路活跃，头脑灵活，有思想，有见解。姐弟俩的成绩，也许是来源于父母的设计天赋和文学天赋，更多的则是来自家庭氛围的熏陶。

梁思成、林徽因由于从事相同的职业，自然平时在家中对于建筑设计有一些讨论。除了专注于事业，夫妇两个还经常比记忆，互相考测，哪座雕塑原处何处石窟、哪行诗句出自谁的诗集，这样轻松又高雅的家庭文化氛围，自然会给孩子很多积极的影响。还有他们的文化沙龙，来的都是各个领域的文化精英，聚集着包括朱光潜、沈从文、巴金、萧乾在内的一批文坛名流巨子，他们谈文学，说艺术，读诗，辩论，天南地北，古今中外。这成了两个孩子最好的课堂。

在抗日战争爆发后，梁思成全家逃亡到长沙时，虽然临时的家非常简陋，当时因为两人热情好客，这里很快成了朋友们聚会的中心。

因为处于特殊的历史时期，他们讨论的话题总是战局和国内外形势。梁思成和林徽因经常教宝宝唱抗日救亡歌曲，长大后，梁从诚还记得，当时天天唱着"向前走，别退后"。

在对知识的浓厚兴趣和执着追求所形成的勤奋好学的家庭氛围中，在父母积极的生活态度的影响下，两个孩子智力和能力也得到充分的发展，他们对知识的理解和探究的能力在成长中逐渐显现。

其实，对于每个孩子来说，家庭作为社会诸因素中最先接触的因素，对孩子性格的形成起着非常重要的作用。孩子的成长是跟其所处的环境和后天的培养分不开的。而父母的行为也就成了影响孩子心理和行为的最为重要的因素。父母应该身体力行地为孩子营造

□ 林徽因和女儿梁再冰（左）、儿子梁从诫在一起。在他们一生中最艰苦的日子里，林徽因也没有放弃希望，她给孩子的是乐观的生活态度和必要的生活情调。她努力营造轻松快乐的家庭氛围，甚至女儿梁再冰对"那个房子非常温馨，舒服极了"一直记忆犹新。

做林徽因 一样的女人

一个轻松、积极、快乐的家庭氛围，为孩子提供一个更利于身心发展的空间。

用书陶冶孩子的心灵

在林徽因北平东城北总布胡同的家中，这里承载着太多美好的记忆，家中被她装饰得很漂亮，虽然是租来的四合院，连家具也是从旧货店里买来的老式家具，可是搭配着她从野外考察中拾到的残破石雕，再加上几株海棠马缨花，倒也十分雅致。在中式平房中，摆放着她的很多书籍，建筑、文学、美术设计，这些书不但体现了她的艺术趣味和学术追求，也为她的孩子提供了很多阅读的素材。

林徽因非常擅长朗诵，梁从诫在回忆中写道："她的诗本来讲求韵律，由她自己读出，那声音真是如歌。她也常常读古诗词，并讲给我们听，印象最深的，是她在教我读到杜甫和陆游的'剑外忽传收蓟北''家祭毋忘告乃翁'，以及'可怜小儿女，未解忆长安'等名句时那种悲愤、忧愁的神情。"

林徽因在教孩子学习古文时，总是自己绘声绘色先把古文读出来，再讲解，梁从诫说，在母亲教他《唐雎不辱使命》时，"唐雎的英雄胆气，秦王前倨而后恭的窘态"被林徽因演绎得"简直似一场电影"。

对于小孩子来讲，古文如果只是学习文字自然枯燥，林徽因聪明地将古文先用声音和神态演绎出来，让孩子对古文的内容有了很感性的认知，也有了学习的兴趣。

□ 书籍长伴林徽因的一
生，自然也贯穿于她对孩
子的教育始终。她知道如
何从书籍中汲取智慧，所
以，她让孩子以书为伴。

　　除了学习中国传统的文化，曾经深受西方文化影响的林徽因自然也会给孩子拓展一下阅读的空间。她将优秀的外国文学翻译成中文读给孩子听，有时孩子读不懂，她就耐心地给他们讲解。梁从诫在回忆母亲引导他们读《米开朗琪罗传》时，"详细动情地描述米开朗琪罗为圣彼得教堂穹顶作画时的艰辛"。她还以《木偶奇遇记》为教材，教孩子们学英语，她将自己流利的英语功力一点一点地传授给了孩子，因为有着这样的教育基础，成年后的梁从诫还曾在两次国外的百科全书访华团拜访邓小平时，全程担任邓小平的翻译。她对于孩子读书的要求绝不是囫囵吞枣、过目了事。在读到屠格涅夫的《猎人日记》，她都是要求孩子一句句地去体味屠格涅夫对自然景色的描写，真正地去领悟经典的魅力。

　　梁从诫在回忆母亲的文章中写道："她这位母亲，几乎从未给我们讲过什么小白兔、大灰狼之类的故事，除了给我们买了大量的书要我们自己去读之外，就是以她自己的作品和对文学的理解来代替稚气的童话，像对成年人一样地来陶冶我们幼小的心灵。"

　　书香的魅力自不必多说，现在很多家长都知道书能够陶冶孩子的情操，可是，给孩子买了一大堆书，孩子不但没能从书中获得养分，反而越来越讨厌阅读。

对于孩子来说，他们对这个世界充满好奇，最能吸引他们眼球的也许是那些五光十色的屏幕，而黑色的方块文字，他们并不十分感兴趣，这就需要家长的引导和帮助。

文字所构建出的世界要由家长带着孩子慢慢感受，可以通过朗诵先引起他们的兴趣，然后在他们渐渐地掌握阅读技巧后，再给他们安静的阅读空间，但是要记得在他们阅读后和他们分享一下阅读体验，这样会让他们对阅读的书有更为深刻的内化过程。

在孩子有问题时，陪他们一同在书籍中寻找答案，查阅书籍的过程，孩子会产生极大的求知欲，当在书中找到了自己想要的答案时，那种喜悦和满足感会让孩子体会到读书的快乐。当孩子慢慢喜欢上了读书，书籍才能发挥出陶冶孩子的性情、完善孩子的人格的作用。否则，它们就变成了一沓沓无用的废纸。

高尔基说："读书，这个我们习以为常的平凡过程，实际上是人的心灵和上下古今一切民族的伟大智慧相结合的过程。"

做像林徽因一样的妈妈，去帮助孩子读书，让书拓宽孩子的视野、净化孩子的心灵。

用人格魅力去感染孩子

在林徽因短暂的一生中，她在很多领域都取得了成就。其实，她没有把太多的时间给予她可爱的孩子们，但是，她却用自己独特的人格魅力感染了孩子，她是最为杰出的妇女、男士理想中的完美

女性，她不但潜移默化地影响她身边的朋友，她的子女也深受她的人格魅力的影响。

林徽因的博学多识、认真负责以及为自己事业投入的热情常常再现于儿子和女儿的回忆的文章中，梁从诫对母亲的评价是："在现代中国的文化界里，母亲也许可以算得上是一位多少带有一些'文艺复兴色彩'的人，即把多方面的知识和才华——文学的和科学的、人文学科和工程技术的、东方的和西方的、古代的和现代的——汇集于一身，并且不限于通常人们所说的'修养'，而是在许多领域都能达到一般专业者难以企及的高度。"

林徽因对于事业的奉献精神、在祖国危难之际表现出的决绝都深深地影响着她的孩子。许多年后，像母亲积极奔走于保护中国的古建筑般热切，梁从诫"不甘心坐在象牙塔里，养尊处优；他毅然抛开那一条'无灾无难到公卿'的道路，由一个历史学家一变而为'自然之友'"。（季羡林语）他为中国的环保事业做出了卓越贡献。

在梁从诫求学时，曾报考清华大学建筑系，只差了2分落榜，身为系主任的父亲却没有给孩子开一个方便之门。于公来讲，这次让世人看到了教育公平的良心；于私来讲，梁从诫却未能继承父母亲的事业。虽然他未在建筑业有所建树，可是父母对待工作的专业精神和多方面的学术修养却深深地影响了他。他曾任中国大百科全书出版社编辑，创办了《百科知识》及《知识分子》杂志。

而梁再冰，也继承了母亲史学家的哲思、文艺家的激情，成为一名优秀的新华社记者。

林徽因对子女的教育从来都不是教条式、家长式的，她将她的一双儿女教育成值得人钦佩与尊敬的对于社会有益的人。

亲缘关系的天然性和密切性使孩子不自觉去模仿父母的行为，所以，家长在教育孩子的同时，也要不断完善自我。要丰富孩子的知识，自己就该手不释书，勤于学习，用自己的知识丰富孩子的知识；用自己的高尚思想品德和人格魅力感染子女，以积极向上的理想情操引导子女；用自己的情感激发孩子的情感，用自己的意志调节孩子的意志，用自己的个性影响孩子的个性，才能给孩子最好的教育。

静/思/小/语

林徽因能够成为成功女性的典范，不只因为她有一份理想的事业，并为之做出显著的成绩，更是因为她还是一个温柔的妈妈，培养出两个优秀的子女。她用自己的人格魅力感染着孩子，给孩子提供良好的学习氛围，并懂得引导孩子从书籍中获取能量。孩子的修养和气质，在很大程度上取决于父母的人格魅力，想让孩子成为优秀的人，母亲应先成为一个优秀的女人。

许我一个承诺，我给你温暖港湾

那一年，梁思成问：“你为什么选择了我？”

林徽因笑笑，淡淡地说了一句话：“看样子，我要用一生来回答你这个问题。”

于是，这一生，她以一个女人的天性，将自己的目光始终长情注视自己温暖的家。

艰难世事中，温柔的妻

很多人认为，林徽因选择梁思成作为终身伴侣，这是她最明智的选择。对于梁思成来讲，有林徽因这样的妻子，又何尝不是他最大的幸运。

梁思成多次在著作中表达这样的感情。

在《图像中国建筑史》的前言中，他写道：

最后我要感谢我的妻子、同事和旧日同窗林徽因，二十多年来，她在我们共同事业中不懈地贡献着力量。从在大学建筑系求学的时代起，我们就互相为对方“干苦力活”，以后在大部分的实地调查中，她又与我作伴，有过许多重要的发现，并对众多的建筑物进行过实测和草绘。近年来，她虽罹重病，却仍葆其天赋的机敏与坚毅；在战争时期的艰难日子里，营造学社的学术精神

做林徽因一样的女人

□ 林徽因与梁思成合影。
在梁思成的心目中，"文
章是老婆的好，老婆是自
己的好"。林徽因用自己
的行动将"执子之手，与
子偕老"做了最美的诠释。

和士气得以维持，主要应归功于她。没有她的合作与启迪，无论
是本书的撰写，还是我对中国建筑的任何一项研究工作，都是不
可能成功的。

　　林徽因出身显贵，却并不骄纵，能同丈夫共同漫步于欧洲浪漫
的城堡，也能共赴实现理想的艰难旅程。

　　她虽然苦恼于家庭的琐碎，但是还是努力地将家事安排得井井
有条，来来往往的亲戚，以及保姆、厨师的住处，她竟然细心地把
17张床的位置画得清清楚楚。

　　虽然，林徽因痛心于自己心中的美被平庸现实的婚姻生活所吞
噬，但她却并未放弃承担家庭的责任，她用自己的整个生命营造一
个温暖的世界，这个世界给丈夫安歇和修整，给孩子幸福和温馨。

　　梁思成对婚姻生活是如此满意。他说："人家讲'老婆是别人
的好，文章是自己的好'，但是我觉得'老婆是自己的好，文章是
老婆的好'。"

在林徽因去世后，梁思成在极度思念爱妻时写下：

　　宝宝，请允许我这样叫你。这几天心里难过至极，但我没有
忘记今天，更没有忘记 26 年前的今天，是我第一次看到你。

他是如此怀念陪他走过人生的风风雨雨的温柔的妻子。

作为妻子，林徽因在婚姻中要承担更多的责任，她让自己的感
情天地充满了蓬勃的精神和旺盛的生命力，也让自己的家庭始终充
满幸福和温馨。

刚则易折，男人虽然要承担起家庭的重担，可是，有时却不如
女人坚韧。俗语说"安家乐业"，这个"安"字就和女性有关，中
间是个"女"字。家要安宁祥和，女人发挥好在家庭中的作用，整
个家庭才有和谐之美。

女人们有时候很容易忽视这样一个问题，认为丈夫对工作充满
了热情，因此不会感到紧张。事实上，不管男人多热爱自己的工作，
工作总会或多或少地给他们带来紧张情绪。因此，男人们最渴望的
事情是回到家以后可以放松这种紧张情绪，而并不是去承受另一种
新的紧张。

几乎所有的男人都梦想着有这样的家庭：他们在外面忙碌地工作
了一天，回到家后则可以轻松舒适地享受一番。每天早晨起来，他们
可以有十足的干劲去迎接工作。男人们的事业与这种家庭氛围有着
紧密的联系，而这种家庭氛围又与妻子们的认识有着直接的关系。

如果说家庭是一个港湾，家里的女人才是港湾的守护者。女人
要负责照顾好老人，教育好孩子，要为丈夫的事业之舟补充给养、
维护修整。女人其实是构建和谐家庭的基础力量。

做林徽因 一样的女人

爱，要谨记承诺

在梁思成问她为何选择自己时，林徽因并没有正面的回答，一段婚姻除了爱情还应该有别的因素：梦想的一致、父母的赞同，总之，婚姻是一场天时地利的迷信。林徽因说要用一辈子来回答，她也确实做到了，一辈子，谨记这个承诺。

徐志摩飞机遇难后，林徽因在给胡适的信中说："我受的教育是旧的，我变不出什么新人来。我只要对得起父母、丈夫、儿女。如果志摩活着，我待他恐怕仍然不能改，这也许就是我不够爱他的缘故，这就是我爱我现在家之上的缘故。"

□ 梁思成、林徽因新婚时。总有一个人会令你甘愿舍弃自由不再流浪，不管行至何处，有他在的地方便是至高无上的乐园。从此有了一个人携手并肩，便不会再怕任何苦难。

在同梁思成结婚的那一刻，家的概念就给了她一种责任感，她成了家庭的主角，而不是冷眼旁观别人的忙碌，她从不适应到井然有序，就是被切实拉进生活的证据。她爱她的家庭在一切之上，就是她给梁思成最好的回答。

她成了丈夫最贤惠的妻子，孩子最温柔的母亲，她将自己的命运紧紧地与丈夫的兴衰荣辱绑在了一起，丈夫为了保护北京的城墙失声痛哭，她也不顾身体的虚弱大声斥责当局的愚昧。

林徽因是一个感情丰富的人，她曾在一封信中这样写道：

如果在"横溢情感"和"僵死麻木的无情感"中叫我来拣一个，我毫无问题要拣上面的一个，不管是为我自己还是为别人。人活着的意义基本的是在能体验情感。能体验情感还得有智慧有思想来分别了解那情感——自己的或是别人的。

婚后的感情有了波澜，她也真诚地同丈夫沟通，于坦率的交流后，理性地回归家庭，继续坚守婚姻的承诺。

不管是物质生活还是感情生活他们都经历过波折，这也让他们相互砥砺，在扶持中一切困难都变得微不足道。

婚姻中需要承诺。诺言是相互信任的基础，它是真情与爱的纽带。

有了承诺，会让整个身心沉浸在幸福中，不由憧憬起明天的温馨美好。有了承诺，女人的心底才有了踏实的依靠。

婚姻不能仅仅只有承诺，更需要用实际行动来履行那份爱的承诺。不管贫穷与富有都紧握彼此的手，不抛弃、不放弃，并以乐观、开朗和坚强去战胜挫折。然后，再用包容和宽容、理解和谅解，去维护家庭的稳定和睦。真心真意面对生活中的每一天，家才能永远温馨美好。

浪漫，给家增添一点温馨

除了对于整个家庭的细心照顾，林徽因还用她那饱含诗意的浪漫的精神品质让自己的婚姻更加温馨。

林徽因和梁思成在举行婚礼后曾有一次浪漫的欧洲的蜜月之行。欧洲的经典建筑是他们的观光重点，他们一面体会着建筑艺术的博大

精深，一面也为自己的学术
做着重要的积累，漫步于法国
巴黎的塞纳河畔这类浪漫的地
方，他们也畅谈心扉，留下许多美
好的回忆。

这样的结婚旅行，无疑更增
加了他们的感情，也让他们日后
回忆起这段经历，觉得美好无比。
这大概就是成功的蜜月旅行的典范，除
了体会空间穿越带来的其妙景观，还得到了很
多学习的资料，可谓一举两得。

梁从诫回忆："父亲外出考察回来时，妈妈奔上前去迎接他，
两人一见面就拥抱亲吻，他们有个同事说他们这样太伤风化。两人
也只是一笑置之。"他们只是坦率地表达出自己真挚的情感，能够
增进彼此的感情，有些亲密的举动也无可厚非。

浪漫不会永远停留在哪个人的身上的。男人可能在婚前会有一
些浪漫的行为，但是婚后因为大功告成总是懒得再去经营浪漫。一
旦有了孩子，更让很多浪漫的约会成为泡影。

浪漫越来越少，就会感觉爱情越来越淡。

其实，所有的客观原因都不能成为失望的理由。生活不需要每
天都浪漫，但还是需要有一些浪漫来点缀。梦想要一起编织，才更
有实现的意义。定下共同的目标，或是下一次旅游的目的地，让彼
此在对未来的憧憬中携手共进，一起散步，把孩子交给老人看管一天，
两个人去看场电影，都能够增进幸福的感觉。

如果男人的压力让他懒得去浪漫，不如，女人用自己的感性去创造一种平凡的浪漫，让男人真正地感受家庭的温馨。

　　女人还要记得珍惜男人仅仅发挥不了几次的浪漫天赋。有这样一道心理测试题，婚后的男人要送给女人一件礼物，女人打开后，发现是一个名牌包包，这个包的价钱是男人两个月的工资，女人很节俭，她赶紧让男人把包退回去。留给男人的选项一是觉得很高兴，因为女人心疼自己的血汗钱；二是很生气，因为女人不接受自己的心意。

　　百分之八十的男人选择了后者。

　　女人还认为自己的节俭会得到赞美和肯定，其实，却从此封闭了男人想表达浪漫和爱意的心。男人认为，倾其所有才可以代表爱意，女人却不能成全男人付出的乐趣。他觉得扫兴，自然越来越不愿付出。

　　这时的女人，却还在不明就里地自我感觉良好，她得到了贤惠的美名，却没了浪漫的机会，这应该算是另一种得不偿失吧。

静/思/小/语

　　想要维护美好幸福的婚姻生活，除了需要你履行自己对爱人的承诺之外，还要懂得用真情构筑美好温馨的生活氛围，让爱人享受到爱的甜蜜和家的温暖。不要辜负了爱人对你的那份爱和真情。不管在爱情、婚姻中遭遇什么，一定要勇敢面对，悉心接受，无论何时何地，对爱情对自己一定要有信心，要相信，自己值得有一个好人来爱、有一个温暖的港湾可以停靠。

做林徽因 一样的女人

莲开的六月，宁谧的老宅，江南的少女带着夏日的荷香慢慢成长，当林家有女初长成之时，清雅的气质已经悄然闪烁光芒，当她终于将经过西方的文化洗礼，她终于将美丽和才华演绎到极致，虽然人生如月，难免阴晴圆缺，可是，却不妨碍她将生命捧出一段又一段的辉煌。

行走中顿悟生命的纯美

林徽因的一生不长，但是她却有着极为丰富的经历，幼年时在江南水乡蕴养出秀美清雅，来到尊贵的皇城，她静静地感受这座城市的喧嚣，游历欧洲，她找到自己的梦想，从此她生命里繁花滋长，再回到北京，她因美丽和温润成了焦点。

她原以为她的人生应该永远不会有冬季来临。当苦难不期而至，她远比自己想象中坚强，不管岁月遗失了多少平静，她都试图用诗意的生活去圆满人生。她于生命之旅中不断行走，当顿悟到生命的纯美，她终于懂得了活着的意义。

1931 年，年仅 27 岁的林徽因病倒了，不但一下子消瘦了很多，自己也常常觉得虚弱，到医院检查之后，被确诊为肺结核。无奈之下，她只好放下手头的工作，准备去香山养病。身体的不适使她不得不放慢工作的脚步，不能同丈夫一道为梦想拼搏，她难免有些失落。

不过，很快，她重拾了生活的快乐，面对香山的烂漫美景，她心中那些迤逦曼妙的文字成为她释放情绪的出口。于是，世人从此可以在一个个经典的文学作品中清晰地读到她的善良、乐观、温暖、踏实和坚韧。

不管生命要强加给她多少的负担，可是唯一自由的应该是人的魂灵。

不管是文学还是建筑设计，林徽因的生活被艺术之美充盈着，她在书中写下艺术的魅力："艺术不仅要从生活得到灵性，得到思想和感情的深度，得到灵魂的骚动或平静，而且能在艺术的线条和色彩上形成它自身，艺术本身的完美在它的内部，而不在外部，它是一层纱幕，而不是一面镜子。它有任何森林都不知道的鲜花，有任何天空不拥有的飞鸟，当然也会拥有任何桑树上没有的蚕。"

她向善向美的精神气质和超凡脱俗的情感体验让她即使于疾病中也能散发出迷人的气质。

纵百般沧桑，做个天使爱自己

人生之路虽然崎岖，可是心却在坎坷命运湍流中发出一丝光亮，微弱却不乏力量，随波逐流却不迷失方向。风会把她推向渺茫的远方，但她仍无悔地"认识这玲珑的生从容的死"。就如同泰戈尔所说"生若夏花般绚烂，死若秋叶般静美"，也许是因为受身体所累，使得林徽因对于生命的美好更加珍视和向往。所以，她说即使人生如梦，也要做个美丽的梦。

在这美丽的梦中，自己应该是当之无愧的主角，只有爱自己，

□ 林徽因（右二）与建筑系教师李宗津（左一）、周卜颐（左二）、王君莲（左三）、郭孝燮（右一）在清华园工字厅合影。

才能将如戏人生演绎得多彩多姿。爱自己首先得让自己变得漂亮。

她不想让人看到一个病快快的邋遢女人，所以，很多人回忆起林徽因当时的风华，仿佛丝毫不受她疾病的影响。

《诗经》中曾有这样的诗句：自伯之东，首如飞蓬。愿言思伯，谁适为容！

大体的意思就是，自从你去了东方，我的头发像枯草飞蓬一样。表示思念的人去了远方，即使再悉心打扮也没用。

虽然它生动地描绘出了情之深切，但是诗歌中女人只为男人打扮的行为却不可取。

生命是自己的，要为自己而活，取悦别人和取悦自己同样重要。

其实，女人对于外表的精心体现出的正是对自己生命的珍视。

爱自己，还得有一个好的心态，不让失望和悲观蚕食生命的美好。有一个好的心态可以少去很多焦虑、浮躁，自然就多一份安适、多一份恬静，有心情去感受"宠辱不惊，闲看庭前花开花落，去留无意，漫随天外云卷云舒"的自在，就告别了生命中的很多沉重。于是，高雅精致的女人把平常的生活转换成了享受的时光。

莲 / 灯

——林徽因

如果我的心是一朵莲花

正中擎出一支点亮的蜡

荧荧虽则单是那一剪光

我也要它骄傲的捧出辉煌

不怕它只是我个人的莲灯

照不见前后崎岖的人生——

浮沉它依附着人海的浪涛

明暗自成了它内心的秘奥

单是那光一闪花一朵——

像一叶轻舸驶出了江河——

宛转它漂随命运的波涌

等候那阵阵风向远处推送

算做一次过客在宇宙里

认识这玲珑的生从容的死

这飘忽的途程也就是个——

也就是个美丽美丽的梦

人自己就是一面镜子，你以什么样的态度对待世界，世界就会呈现给你什么样的景象。别人能够告诉你很多，但是任何一个人都不能替你做决定。无论人生之旅平坦或坎坷，幸福的人生秘诀都只在于自己的把握。

爱自己，才是对生命的最大尊重。

心若安好，便是晴天

林徽因的一生，给了人太多诗意的遐想。她用内敛平和、浪漫敏锐、理性热情尽情地抒写着生命的诗意与春天。她曾让每一个靠近她的心，都变得清澈而柔软。文学艺术和建筑艺术的滋养，让她把一个女人的生命建筑得恢宏而且独一无二。

在她去世时，为她默默守护一生的金岳霖挥泪写下了"一生诗意千寻瀑，万古人间四月天"的挽联。这应该是对林徽因一生最准确的概括。

她走过的路曾平坦也曾崎岖，可是，她都努力地用真诚的爱去编织五彩的人生，她知道怎样安放好自己的心灵，所以她的人生就像四月天般明媚。

世界的繁杂是我们每天必须面对的，快乐或悲伤、丰富或乏味，不过一念之间。你不安世界更浮躁，很多女人忙碌却都是徒劳，这是因为她们想要的并未是她们需要的。女人，应该寻找到一种内心的松弛状态，生命的单纯与美好全系于平和的心境，心若安好，便是晴天。

有一句印第安谚语说："如果我们走得太快，停一停，让灵魂

跟上来。"

脚步匆匆、神色茫然的你，是不是会突然感叹：时间都去哪儿了。当回头看走过的岁月，很多时候你被时间和压力催赶着盲目地做了很多事情，可是这些事情却丝毫不能让你快乐。

不如，放慢自己的脚步，多问问你的灵魂，你，究竟在追寻什么、究竟希望得到什么。当你找到生命的支点，你才能走得更加从容。即使现实会黯淡如黑夜，心里也要有诗一样的幸福。这就是为何，关于林徽因的记忆永远不会苍白。

她跨越了百年的美丽。

初见她，惊艳；

再见她，依然。

静/思/小/语

无论何时我们都要重视生活的品质，既不能因为忙而把家里弄得一团糟，也不能纵容自己蓬头垢面、不修边幅。放慢脚步，适时地审视一下自己的生活，努力让每一天都成为将来美好的回忆。

做林徽因一样的女人